科艺智创

人工智能

# 探秘水下机器人

上册

主　编　田　丽
副主编　段秋晗
参　编（按姓氏笔画排序）
尹新彦　李　赫　汪真西　范瑞峰
罗　敏　赵　彤　高奇峰　彭冬来

机械工业出版社
CHINA MACHINE PRESS

《人工智能　探秘水下机器人》共2分册，本分册为上册，采取科普结合图形化编程的方式，介绍了从人工智能技术到水下机器人，从海洋科技发展到水下机器人装备的使用和实践。

本分册共16课，包含人工智能概述，机器人概述，水下机器人的学习和使用、运动控制及编程、图形化编程拓展模块的应用，以及学生自由创意创新设计等，可培养学生的设计能力、逻辑思维能力、动手能力、团队合作能力以及科学探究能力。

本书适合义务教育阶段学校开展海洋教育使用。

**图书在版编目（CIP）数据**

人工智能. 探秘水下机器人/田丽主编. —北京：机械工业出版社，2022.3
ISBN 978-7-111-70109-5

Ⅰ. ①人…　Ⅱ. ①田…　Ⅲ. ①人工智能—青少年读物②水下作业机器人—青少年读物
Ⅳ. ①TP18-49②TP242.2-49

中国版本图书馆CIP数据核字（2022）第028956号

机械工业出版社（北京市百万庄大街22号　邮政编码100037）
策划编辑：熊　铭　　　　责任编辑：熊　铭　彭　婕　陈美鹿
责任校对：张亚楠　刘雅娜　封面设计：滕沛芳
责任印制：熊　铭
北京联兴盛业印刷股份有限公司印刷
2022年3月第1版第1次印刷
184mm×260mm · 14.5印张 · 238千字
标准书号：ISBN 978-7-111-70109-5
定价：88.00元（共2册）

电话服务　　　　　　　　　网络服务
客服电话：010-88361066　　机　工　官　网：www.cmpbook.com
　　　　　010-88379833　　机　工　官　博：weibo.com/cmp1952
　　　　　010-68326294　　金　　书　　网：www.golden-book.com
**封底无防伪标均为盗版**　　机工教育服务网：www.cmpedu.com

# 序

地球约71%的表面都被海水所覆盖，海洋是地球上最大的区域。无论是对生命的诞生，还是对气候的变化和文明的发展，海洋都起到了至关重要的作用。

根据《联合国海洋公约》有关规定和我国主张，我国管辖海域面积约300万平方千米，大陆海岸线约1.8万千米，岛屿岸线约1.4万千米，海岛11 000多个，广袤的海域中蕴藏着丰富的动物、植物、矿物等资源。合理地开发、利用这些海洋资源将会更好地建设我国社会，并改善人们的生活。

我国拥有历史悠久的航海历史、海上贸易历史与海洋文化。在明朝永乐年间，郑和曾7次组织船队进行国家层面的海洋贸易、海洋勘测活动，其浩大的船队规模、先进的航海技术、琳琅满目的商品、强大的军事力量震惊了世界。

进入21世纪后，海洋作为全世界关注的资源焦点，变得越来越重要。人们进行了一系列的海洋资源的开发与利用，比如利用海洋中的潮汐、海浪、海风、盐度差进行发电，开采海洋中的石油，围海养殖、捕鱼等。此外，各种新形式的海洋资源的利用也不断兴起，比如在海洋中架设通信电缆，在海洋中建立数据中心等。海洋丰富的生物资源不但为人类食物供应提供了帮助，也为人类研制新型药物提供了丰富的素材库。

海洋能够带来的开发价值越大，围绕它进行的资源争夺就越激烈。

近些年来，一些国家利用无人潜航器对我国的海洋实施勘测、监视等一系列的活动，严重危害了我国的国家安全。为了能够更好地维护我国的海洋国土与海洋资源，海洋科学技术必须要得到广泛的发展。

“少年强则国强，少年独立则国独立”，海洋人才的储备必须从青少年抓起。我们应该让青少年能够更早地接触海洋方面的知识，了解海洋，探索海洋，为海洋方面的事业作美好的规划，激励更多的青少年参与到海洋工程项目中。

从小项目到大工程，从发现自然现象的规律到学习深奥的科学知识，培养青少年海洋工程知识的学习也应循序渐进。要让青少年动手动脑，观察实验，借助模块化的零件，设计船舶，设计潜行器，设计各式各样的海洋设备，了解它们运行的奥秘，学习物理、机械工程等方面的知识。要让青少年借助计算机，通过编程，使传统的海洋设备迸发出新的活力。

未来的海洋也是人工智能设备的大舞台。探索海洋就像探索宇宙一样，广阔的空间中暗藏着种种未知，而残酷恶劣的空间环境使得人类在探索它们的同时危险重重。未来的海洋探索设备一定是具备人工智能的设备，这样的趋势将势不可挡。而人工智能技术应用在海洋设备上正处于起步阶段，如同青少年一样朝气蓬勃。青少年通过海洋工程课程的学习，认识人工智能技术，利用模块化的零件设计、制作各类的海洋设备，通过自己的思考与探索必定能激发出新的创意。

在未来，谁能够更快速地建立并实施开发海洋的工程，并解决相应的技术难题，谁就对海洋海域拥有控制权，而这一定是建立在强大的科学技术的支持之下。青少年通过海洋科学技术的学习，将会更了解海洋、热爱海洋，在心中架起一座保护、建设海洋的桥梁。

**北京大学教授、博士生导师**

# 目录

# 第1课 人工智能

## 学习目标

1. 了解人工智能的概念。
2. 能够辨识出日常生活中的人工智能技术应用。

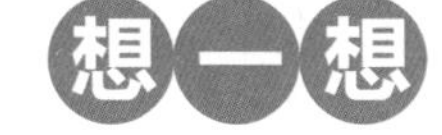

## 想一想

人脸识别（图 1-1）、遥控电视（图 1-2）、语音识别（图 1-3）和电子体温计（图 1-4）等设备在生活中很常见，请你说说这些设备的功能有什么特点？

图 1-1

图 1-2

图 1-3

图 1-4

我发现________________________________________________。

在图 1-1~ 图 1-4 中，哪些可以自己进行判断并根据判断结果做不同的事情？

设备具有自主判断与执行功能的是：____________。

设备不具备自主判断与执行功能的是：__________。

通过对比不难发现，生活中的有些设备可以像人一样根据“感知到”的各种情况做出判断，并且做出不同的反应。

如果一个装置能模拟人的思维过程和智能行为，如学习、推理、思考、规划等，那么这个装置就具备了“人工智能”。

人工智能的英文为 Artificial Intelligence，简称 AI。人工智能作为一门新兴的科学技术，从诞生到现在不过 70 年左右。为了能使机器装备模拟人的思维过程和智能行为，人工智能这门学科广泛融合了包括数学、计算机科学、心理学等众多科学技术，并取得了许多了不起的成就。

人工智能主要的研究领域有机器人、语言识别、图像识别、自然语言处理、专家系统等。

1. 请你根据对人工智能的理解，说说你如何判断一台机器是否具备人工智能？把你验证的方式写下来，并与同学交流探讨。

我的判别方法是：________________________________________

________________________________________________________

________________________________________________________。

2. 请你利用你的方法来判断刀削面机器人（图 1-5）、刷脸支付（图 1-6）、手机语音助手（图 1-7）和自动门（图 1-8）是否具有人工智能。

图 1-5

图 1-6

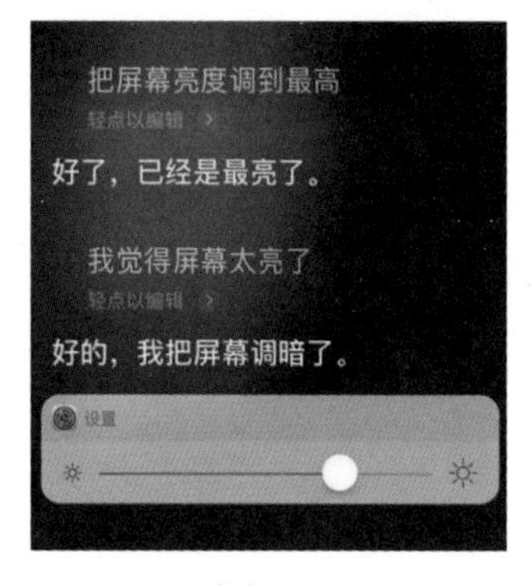


图 1-7

图 1-8

请你说一说什么是人工智能？

分享一下你设计的判别机器是否具备人工智能的方法。

评价

| 项目 | 评价（满分5颗☆） |
| --- | --- |
| 我知道什么是人工智能 | |
| 我会判断哪些设备有人工智能的功能 | |
| 我设计了一种可以判别机器是否有人工智能的方法 | |

# 第 2 课

1. 了解机器人的概念。
2. 能够识别机器人，并说出它们的特点。

请你根据扫地机器人（图 2-1）、织布机（图 2-2）、招财猫（图 2-3）和机器狗（图 2-4）等设备工作时的特点，对它们进行分类。

图 2-1

图 2-2

图 2-3

图 2-4

我对这些装置的分类为：________________________________________

________________________________________________________________。

我分类的依据是：______________________________________________

________________________________________________________________。

## 问题分析

图 2-1~ 图 2-4 中出现的装置，哪些可以自动运行，替代人或动物进行工作？

在这些装置中，哪些装置可以根据不同的情况做出不同的应对方式？

在生活中，可以自动运行的设备非常的多，例如钟表、风车、自动门等。但并不是所有的装置都能“感知”外部环境的变化，并“思考”应对的方式。

如果一台自动化运行的机器具备一些与人或生物相似的智能，如感知能力、规划能力、动作能力和协同能力，那么我们就把这种高度灵活的自动化

机器称为机器人。

世界上第一台工业机器人是尤尼梅特，如图 2-5 所示，它的造型酷似手臂，被安装在汽车的生产流水线上，用来替代工人安装、搬运汽车的零部件。

图 2-5

机器人的智能不同于人工智能，大多数机器人所需要的智能并不是模拟人的智能，而是对“感知”的情况按照人类预先设计好的指令做应对。但是随着技术的不断进步，具有模拟人类智能的机器人也被制造出来，这些机器人可以像人一样进行学习，从而自己拟定应对方式。图 2-6 就是具有人类外观并且可以像人一样思考、运动的机器人。

图 2-6

## 实施应用

1. 请你根据对机器人概念的理解，说一说如何判断一台设备是自动化机器还是机器人？

我的判断依据为：______________________________________________。

2. 请你判断图 2-7~ 图 2-10 中哪些是机器人，哪些不是。

图 2-7

图 2-8

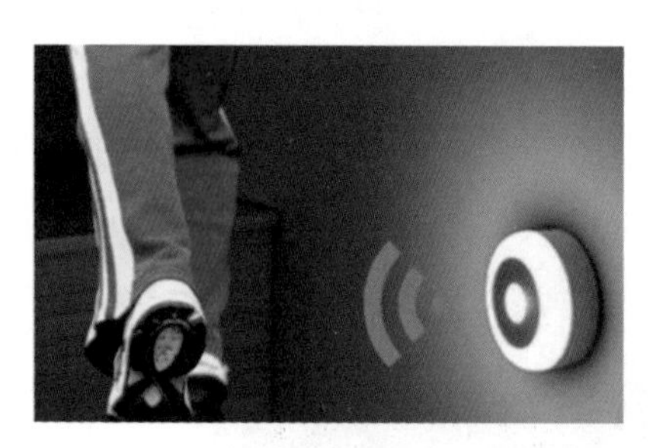

图 2-9

图 2-10

## 总结交流

### 总结

你能说说机器人具备哪些特征吗？

如果让你设计一款机器人，你将设计一款什么样的机器人？为什么？把你的想法说出来，与同学进行分享。

评价

| 项目 | 评价（满分 5 颗☆） |
|---|---|
| 我知道什么是机器人 | |
| 我会判断哪些设备属于机器人 | |
| 我认为我构想的机器人在未来能够更好地帮助人、服务社会 | |

第3课

## 学习目标

1. 了解水下机器人，能够说明水下机器人的分类、作用与应用场合。
2. 理解人在水下工作时所面临的问题。

## 想一想

如果一台机器要在水下工作，它需要具备哪些功能？为什么？

在水下工作的机器需要具备：______________________。

你知道人若是在水下工作，会遇到哪些危险吗？

在水下工作会遇到的危险：____________________。

## 问题分析

想要了解机器在水下工作需要具备的功能，以及人在水下工作会遇到的危险，我们就需要了解水的常见特性、人在水下身体的变化以及水下的环境。

### 1. 水的常见特性

水是一种液体，并且它是一种非常好的溶剂，很多物质都可以溶解在水中。当水中溶解了很多物质后，水就会对机器的金属表面产生腐蚀，如图 3-1 所示。长时间浸泡在水下的机器就会在水、空气、水中杂质的共同作用下发生反应，逐渐变得不能正常工作。

图 3-1

物体放入水中，会受到水的浮力的影响。我们可以利用水的浮力，让木头甚至钢铁漂浮在水面或沉入水底。这也就使得机器或人在水面、水下、水底行动成为可能。

水能产生压力，我们可以把水的压力想象成很多层的棉被叠放在一起产生的压力。相同水深处的压力是相等的，但是随着水深的不断增加，水压会变得越来越大。

### 2. 人在水下身体的变化

人通常是通过鼻子来进行呼吸的。在水下，人无法通过鼻子来获取水中溶解的氧气。人在水下工作，身体会浸泡在水中，受到水与水中杂质对皮肤、眼睛等器官的影响。随着水深的增加，人体受到水的压力也会增加，人的耳朵、鼻腔会受到强烈的影响，人的身体也会受水的压迫而感到不适。

常年在水下工作的人，受水压的影响容易患减压病、气体栓塞等疾病。

3. 水下的环境

水下环境可以分为人工水域环境和自然水域环境。人工水域环境包括游泳池、水库等。自然水域环境包括河流、海洋等。自然水域环境通常要比人工水域环境复杂。人在自然水域环境中，除了受到水本身对人体的影响外，还会受到水中动物、植物、微生物、礁石的影响，这样就增加了人在水下工作的危险。

请你根据以上的分析，说一说辅助人在水下工作，可以采用哪些方法？

我的方法是：________________________________________。

水下机器人，也可以称为潜水器，是一种工作于水下的极限作业机器人。水下环境恶劣危险，人的潜水深度有限，所以水下机器人已成为水下工作的重要工具。

水下机器人可以分为遥控潜水器与自主航行潜水器两大类。

遥控潜水器主要分为有缆遥控潜水器与无缆遥控潜水器。由于受到水下通信限制的影响，有缆遥控潜水器的使用更为广泛。

图 3-2、图 3-3 为有缆遥控潜水器。

图 3-2

图 3-3

自主航行潜水器可以继续按运行方式分为仿生潜水器（图 3-4）和常规的水雷型自主航行潜水器（图 3-5）。

图 3-4

图 3-5

1. 请你根据水下机器人的分类方式以及它们的控制特点，畅想一下它们可以用在什么工作上？把你的想法说出来，与同学交流。

2. 请你搜集关于水下机器人的资料，制作成画报展示出来。

总结

请你说说水下机器人都有哪些类型？分别有什么特点？

分享

请你与同学分享一下你对水下机器人的看法。

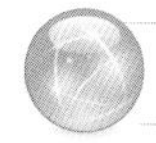

评价

| 项目 | 评价（满分 5 颗☆） |
| --- | --- |
| 我知道人在水下工作会遇到的问题 | |
| 我了解水下机器人的种类 | |
| 我搜集了一些关于水下机器人的资料 | |

第4课

# 水下机器人的应用

## 学习目标

1. 了解现代水下机器人的应用，能够举例说出水下机器人的应用。
2. 了解水下机器人的应用，培养对水下设备的兴趣。

## 想一想

在石油管道线路的检查与维护（图 4-1）、水产养殖的收获采集（图 4-2）、珊瑚礁生态环境的观察记录（图 4-3）和沉船的打捞（图 4-4）等中，哪些工作用水下机器人要比人来做更加高效？

图 4-1

图 4-2

图 4-3

图 4-4

我认为：____________________________________________________________________________________________________________________________________________________________________________________________________________________________________________________________________________________________。

## 问题分析

图 4-1~ 图 4-4 都是哪些类型的工作？

这些工作哪些是可以重复化或是可以流程化进行操作、完成的？

水下机器人属于机器人的一类，那么一般机器人适合做哪些工作？

水下机器人分为遥控机器人与自主航行机器人。在常规的水下环境检测、水下设施检测等流程化工作上，可以使用自主航行水下机器人。而受到水流、水下环境、水下工作复杂程度等影响无法流程化或模式化的工作，可以通过遥控水下机器人来完成。根据水下工作类型的不同，灵活选择水下机器人的类型。机器人虽然能够替代人完成水下的各种工作，但目前受技术的影响，一些较为复杂的工作，人的完成效率还是要远高于水下机器人的。

水下机器人在军事、科研、教育、商业领域都有广泛的应用。

在军事上，水下机器人可以用来排除水雷和强制引爆水雷，如图 4-5 所示，机器人在对危险爆炸物进行处理。一些自主航行水下机器人在军事上还可以进行间谍活动，侦测相关水域的水文信息，监视、侦察军事目标等，如图 4-6 所示。

图 4-5

图 4-6

在科研领域，水下机器人常用于海洋勘探、水下动植物研究，如图 4-7 所示，一台水下机器人在试图捕获一只深水章鱼。此外在考古项目中，水下机器人也发挥了巨大优势，不但可以对沉船、古代遗迹等进行勘测，还可以辅助进行打捞、样本采集等工作，如图 4-8 所示。

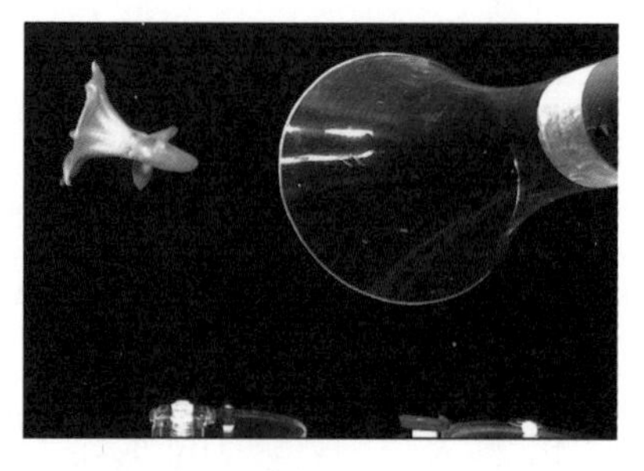

图 4-7

图 4-8

在教育领域，小型化、模块组装化的水下机器人套件，有助于学生学习有关舰艇、潜艇、机器人的相关知识，掌握相关的专业技术能力，更好地鼓励学生探索海洋工程，如图 4-9 所示的金小鱼套装图。

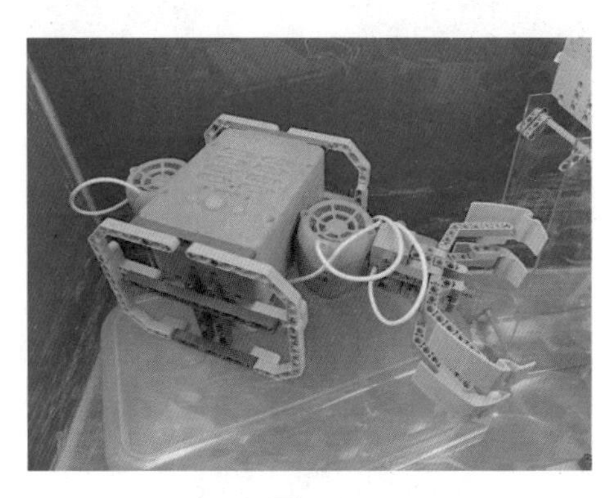

图 4-9

在商业领域，水下机器人也得到了广泛的应用。尤其是海上石油勘探、石油管道的巡检维护方面的应用。此外，在水下清淤、海产打捞、水下焊接、辅助潜水、钓鱼诱捕等领域也有尝试性应用，如图 4-10 所示为水下割草清淤机，图 4-11 所示为管道工程机器人，图 4-12 所示为潜水辅助机器人，图 4-13 所示为钓鱼诱捕机器人。

图 4-10

图 4-11

图 4-12

图 4-13

请你根据水下机器人工作的特点，判断下面各领域是否适合使用水下机器人。

1. 如图 4-14 所示，救助溺水的人。

图 4-14

2. 如图 4-15 所示，诱导鱼群的游动。

图 4-15

我认为：________________________________________________

________________________________________________________

________________________________________________________。

请你说一说水下机器人的主要应用形式。

请你思考未来水下机器人的功能与应用形式，并与同学交流分享你的想法。

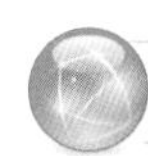
评价

| 项目 | 评价（满分 5 颗☆） |
| --- | --- |
| 我知道水下机器人主要应用在哪些领域，并知道它们主要做什么事情 | |
| 我了解现代水下机器人的工作能力 | |
| 我设想了未来水下机器人的工作形式，并和我的同学分享交流了我的想法 | |

# 第5课

1. 了解水下的各种设备以及水运工具。

2. 掌握图形化编程软件中的场景变换、角色变换操作，能编写一个简单的程序。

3. 通过小组分工完成编程任务。

### 情景需求

船舶、潜艇、水下机器人……越来越多的水下设备被广泛应用到水域开发、科学研究、运输、环境检测等领域。我们可以通过网络视频、新闻报道、图书等多种方式了解这些水下设备与水运工具的各种信息。

你能否利用图形化编程的方式，把这些有关水下设备与水运工具的信息进行加工，通过程序展示这些设备的相关信息呢？

## 思考分析

若要制作一个介绍水下设备与水运工具的程序，首先你要保证你自己了解相关的知识。

请你通过表 5-1，梳理一下有关水下设备与水运装置的知识。

表 5-1

| 图例 | 装置名称 | 作用 |
| --- | --- | --- |
|  | 水碓 | 利用水的动能带动舂米机等机械装置，进行农产品加工。 |
|  | 水坝 | 利用水的重力势能，进行发电，同时可调节下游水的流量。 |
|  | 水渠 | 引导水流动的方向。 |
|  | 水道管线 | 引导水流动的方向。 |

（续）

| 图例 | 装置名称 | 作用 |
| --- | --- | --- |
| | “蛟龙”号深海探测器 | 进行深海科学探测。 |
| | 海洋生态检测浮标 | 对海域的生态信息做收集记录。 |
| | 游轮 | 海洋运输。 |
| | 观光潜艇 | 水下旅游观光。 |

## 实施规划

请你思考，如何介绍水下设备与水运工具。把你讲述内容的先后顺序，用提纲的方式写下来。

## 编程合作

### 功能分析

使用图形化编程软件，对水下设备与水运工具的图片、文字进行加工，并像播放动画一样播放出来。在编程实现时，主要有两个需求：

①将使用的图片插入到程序中去。

②将介绍的文字显示出来。

例 1　替换舞台背景（图 5-1）。

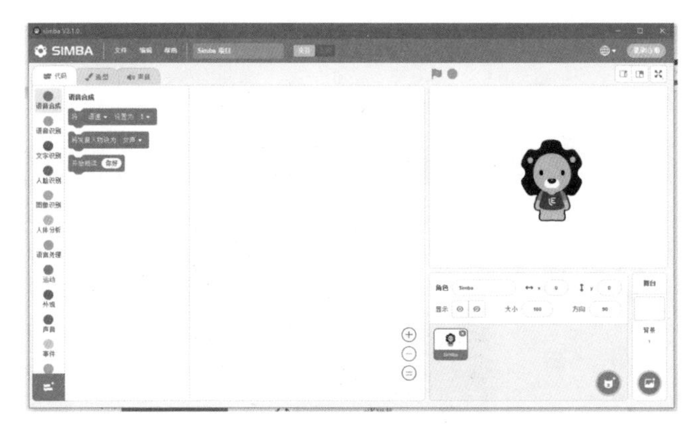


图 5-1

打开软件后，将鼠标放到右下角的图标上，此时会出现新的菜单栏，如图 5-2 所示。

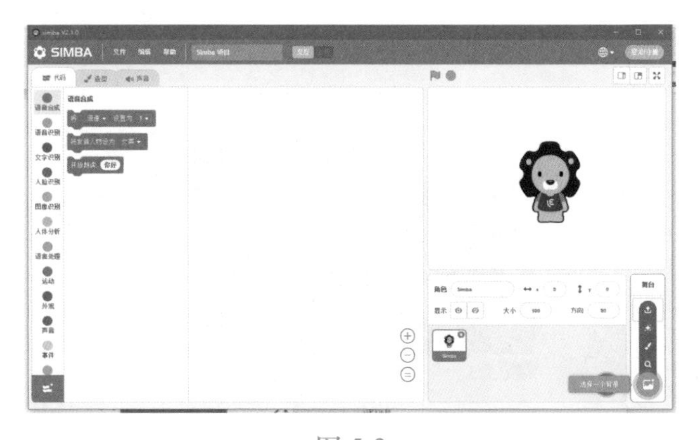


图 5-2

选择[上传图标]，从计算机的文件中上传一张图片作为背景，如图 5-3 所示。

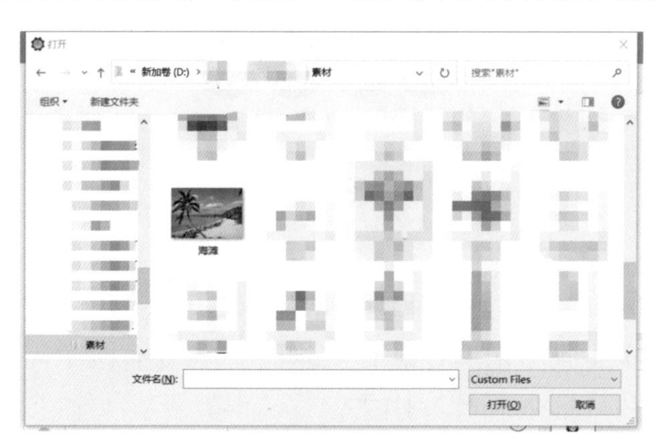


图 5-3

单击打开后，界面会自动变为背景绘制编辑的界面。单击[转换为矢量图]，将图片转换为矢量图，如图 5-4 所示，用鼠标拖拽图片，调整图片的大小、位置，如图 5-5 所示。

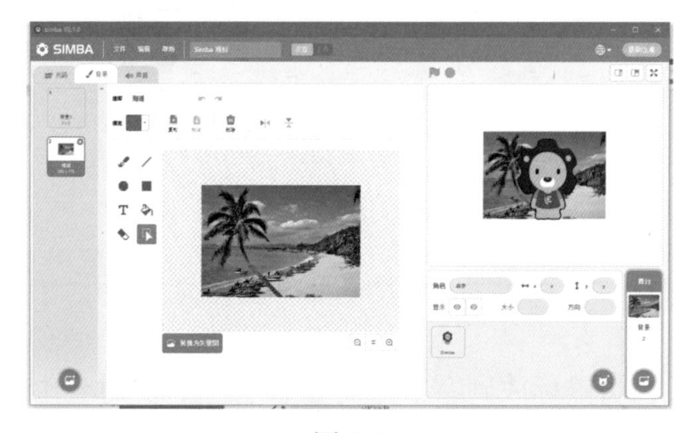


图 5-4

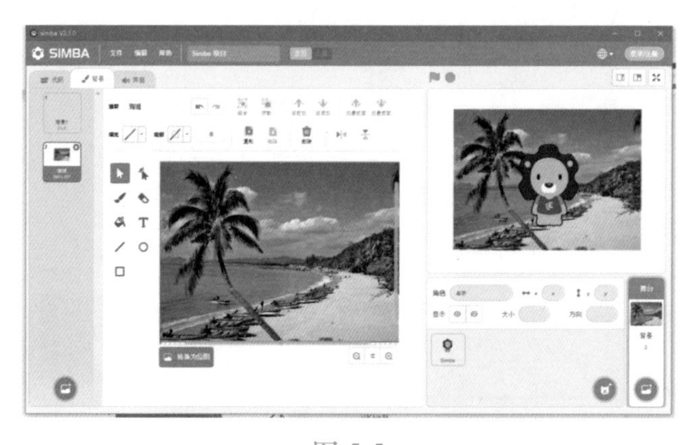


图 5-5

此时，图片背景就有了。若要继续插入更多的图片，可以重复以上的步骤。

单击左上角的，可还原到代码编程的界面，如图 5-6 所示。

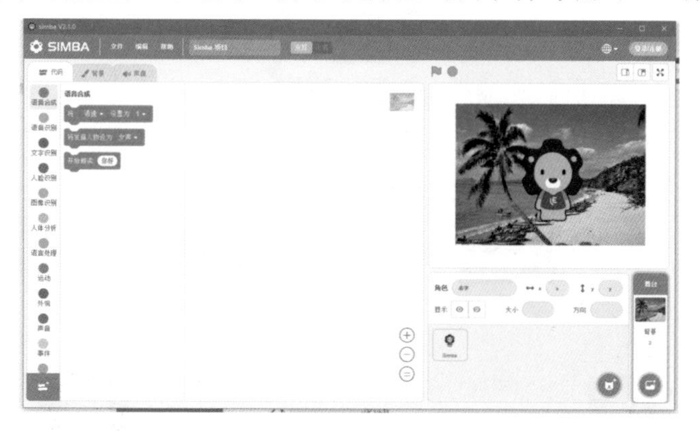

图 5-6

例 2　插入文字信息。

若想让文字信息在舞台上显示出来，可以通过给角色外观设置指令来实现。首先，在角色区选中角色，如图 5-7 所示。

图 5-7

然后，在代码栏中，选择“外观”工具组，如图 5-8 所示。

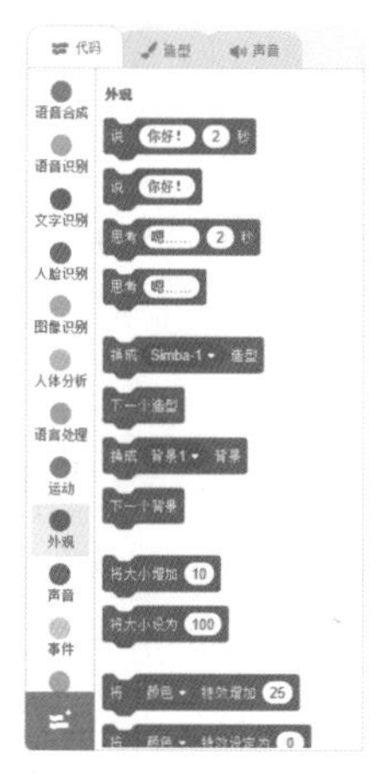


图 5-8

“外观”工具组中，图 5-9 所示模块都可以把文字信息通过角色用对话框或思考框的方式显示出来。

图 5-9

如图 5-10 所示使用说 你好！，显示效果如图 5-11 所示。

图 5-10

图 5-11

如图 5-12 所示使用思考 嗯……，显示效果如图 5-13 所示。

图 5-12

图 5-13

## 程序设计

所有程序都是基于功能需求来设计的。

本课的功能需求为：利用编程的方式来介绍水下设备与水运工具。

① 确定背景、角色的数量、造型。

首先，我们需要确定程序中需要出场的角色、背景画面，并且要确定这些角色需要用到哪些造型，出场的背景画面需要哪些图片等。

② 确定背景、角色的动作、功能、交互方式。

在设置完角色、背景等要素后，需要考虑角色、背景之间的交互方式，或角色、背景与用户之间的交互方式。这样才能给角色、背景详细编写控制指令。而这些控制指令可以简化为 3 种基本控制指令的组合，即顺序控制、选择控制（也称为分支控制）、循环控制。

③ 通过表格、程序流程图、代码等方式表示自己设计的程序。

在具体使用某一种编程语言编写程序代码前，可以用一种通用概括的方式，把程序设计的思路表示出来。比较通用的表示程序思路的方法是使用程序流程图。

例 3　使用程序流程图（图 5-14）设计介绍水下设备与水运工具的程序。

给如图 5-15 所示“Simba”角色设计程序指令。

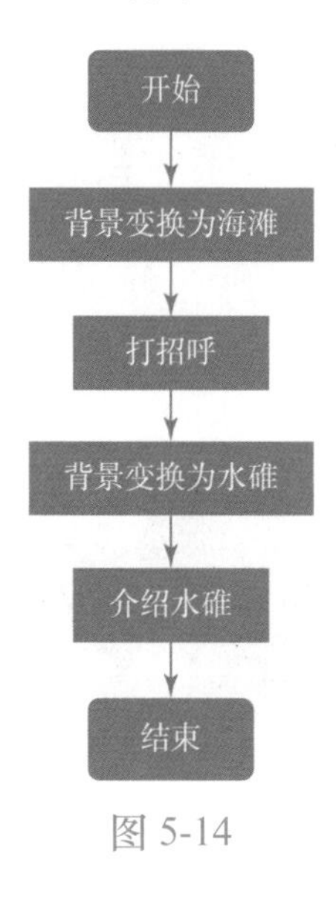

图 5-14

图 5-15

## 参考程序

① 首先，选中背景，使用上传图片的功能，将背景设置为 3 个，分别为背景 1、海滩、水碓，如图 5-16 所示。

图 5-16

② 选中“Simba”角色，在代码模式下，拖拽指令模块。程序参考如图 5-17 所示。

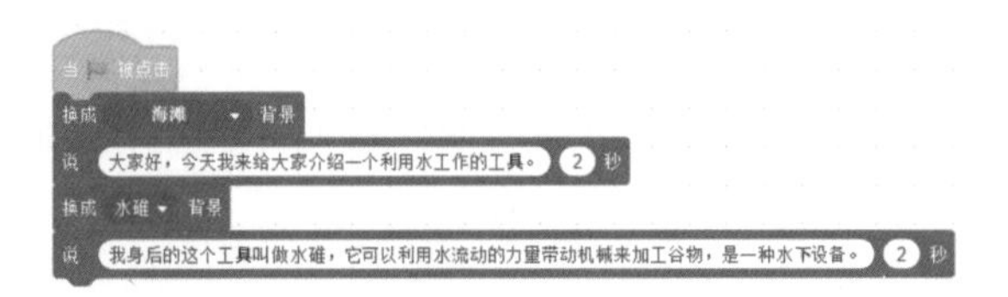


图 5-17

运行效果如图 5-18~ 图 5-21 所示。

图 5-18

图 5-19

图 5-20

图 5-21

请你利用今天学到的编程设计方法，利用图形化编程软件，把更多的水下设备和水运工具介绍的内容加入进去。

1. 请你说一说水下设备、水运工具都有什么?

2. 使用图形化编程软件来展示各种水下设备、水运工具的介绍有什么优点，又有哪些不足？把你的想法写下来，并与同学讨论。

我认为使用图形化编程软件来展示的优点是：________________________________________________。

不足是：________________________________________________。

## 分享

请你利用今天所学的编程设计方法，制作一个小程序，介绍你的兴趣爱好，并与全班同学分享。

## 评价

| 项目 | 评价（满分 5 颗☆） |
| --- | --- |
| 我能介绍常见的水下设备与水运工具 | |
| 我会用简单的程序流程图表示我的程序设计 | |
| 我会使用图形化编程软件，更换舞台的背景图片，让角色显示文字信息 | |
| 案例任务的制作 | |
| 练一练任务的制作 | |
| 分享作品的制作 | |

第6课 鱼的自由运动

学习目标

1. 了解水下不同动物的运动方式。
2. 理解鱼摆尾运动的方式及游动特点。

在海洋科研领域，经常需要把各种设备放入海中使用，但这种行为或多或少会对海域的水质、生物、环境造成影响。设备运行会惊扰到水域中生活的生物，会打乱它们生活节奏。请你想一想，有什么方法可以使机器设备在海洋科研中，对水域生物、环境、水质的影响降到最低？

我的想法是：________________________________________________

________________________________________________________。

## 问题分析

在海洋科研领域，对海域中生物多样性进行研究时往往需要人反复多次且长时间、长周期进行潜水，观察、采集、记录相关的信息。人类每次潜水都或多或少对海洋环境产生影响。比如对水质变化非常敏感的珊瑚，人类频繁的潜水活动会导致珊瑚死亡，从而导致整个水域生态系统被毁坏。此外，人类在下潜探测时，产生的声响会惊动正在猎食的生物。因此为了把科研活动对海洋环境的影响降到最低，人们尝试使用海洋仿生机器人来进行科研工作。

海洋仿生机器人的外观、运动方式高度模拟在海洋生活的动物，这使得它在工作时能很快融入环境，且工作时更加安静，如图 6-1 所示的机器水母和如图 6-2 所示的仿生鱼。

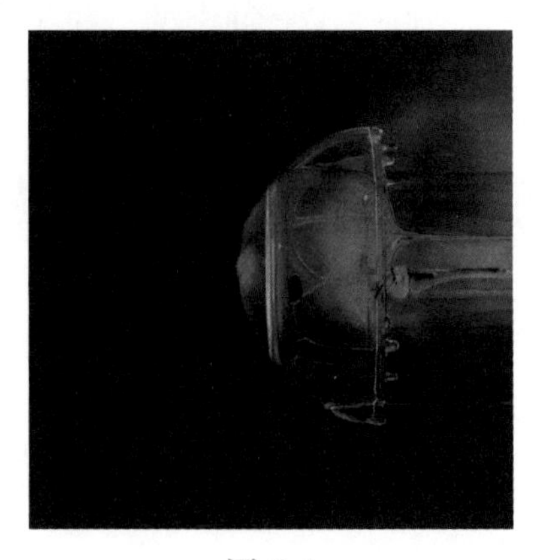

图 6-1

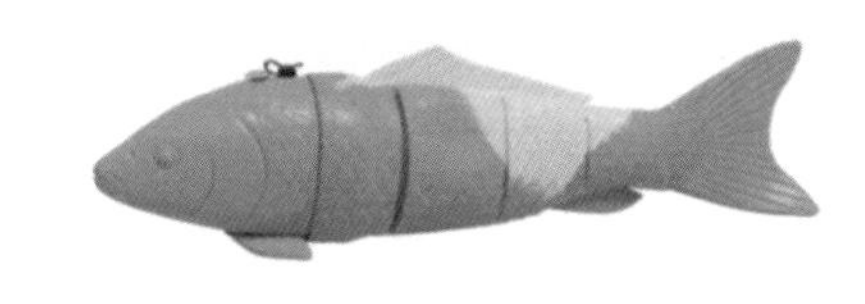

图 6-2

海洋仿生机器人在运动时能模拟海洋生物的运动方式，不通过螺旋桨运动，这使得海洋仿生机器人在运动时几乎没有声音。

## 新知学习

海洋中动物的游动方式主要分为喷射式、水翼式、摆尾式三种类型，见表 6-1。

表 6-1

| 运动方式 | 名称 | 图例 | 说明 |
| --- | --- | --- | --- |
| 喷射式 | 扇贝 | | 乌贼、鱿鱼、水母、扇贝等生物都有特殊的器官，将水瞬间喷出，短时间内进行高速运动。 |
| 水翼式 | 鳐鱼 | | 鳐鱼、涡虫、乌贼在平时缓慢游动时，都是靠着身体的抖动，像翅膀一样拍动水流进行游动的。 |
| 摆尾式 | 鲫鱼 | | 一般我们所见的鱼类和鲸豚类游泳时都是以摆尾为主要推进方式来游动的。 |

我们见到的鱼类、鲸豚类都通过摆尾式在海中游动。根据摆尾时身体摆动的范围，摆尾式又可以分为鳗行式、鳟行式、鲔行式三种类型，见表6-2。

表 6-2

| 摆尾方式 | 图例 | 说明 |
| --- | --- | --- |
| 鳗行式 | | 鳗鱼、水蛇等生物游动的方式，其行进时所需要的推力最少。 |
| 鳟行式 | | 鳟鱼、鲈鱼、鲱鱼等生物游动的方式，也是最常见的方式，在速度控制上有最好的平衡。 |
| 鲔行式 | | 鲔鱼、鲭鱼、金枪鱼等鱼类与鲸豚类的游动方式，在快速游动中最有效率。 |

采用摆尾式游动的动物，无论采用哪种摆动形式，最终都是通过尾巴摆动时产生涡流的反作用力推动身体前进的，见表 6-3。

表 6-3

| 图例 | | | | |
|---|---|---|---|---|
| 涡流 | 尾鳍先向上摆动制造一个大涡流。 | 摆动到顶端后，再迅速摆动造成一个相反方向的涡流。 | 下摆后，尾鳍会使两个涡流相遇。 | 相遇的两个涡流形成一柱强力的喷流让鱼前进，随后涡流相互减弱消失。 |

其中，鲔行式的摆尾方法能够以最小的摆动幅度产生最快的游动速度，在三种摆尾方法中效率最高。

## 实施应用

现如今，科学家与工程师通过模拟鱼类的游动方式，制作出仿生机器鱼。这些机器鱼不但有很高的观赏价值，并且也广泛应用到海洋科研活动中。

与传统使用螺旋桨行驶的水下设备不同，仿生机器鱼有两个主要特点：

1. 能源利用率高。

生物学家在研究海豚时就发现，人在水下游动会消耗大量的能量，但是海豚却能够长时间在水下高速游动，且并不消耗能量。通过对海豚运动时姿态的研究，生物学家们发现，海豚的尾鳍在摆动时能有效利用水流的推力，从而减少能量的消耗。而机械工程师们在研究螺旋桨推进器时也发现，同样桨叶的螺旋桨推进器，高速旋转时容易让螺旋桨附近的水氧饱和度上升，产生气泡（见图 6-3），从而降低螺旋桨推进器的推进效果，这样不但浪费能量，且降低螺旋桨的使用效率。

图 6-3

2. 可降低噪声和保护环境。

螺旋桨推进器在使用时会产生巨大的声音，在军事上，可以通过对螺旋桨声音的分析来判断航行设备的类型、位置。而仿生鱼的游动几乎没有声音，很难被检测到。螺旋桨推进器在运行过程中，产生的涡流会把附近的鱼类卷入，并杀死鱼类，对海洋环境有一定的破坏。

## 总结交流

### 总结

请你举例说一说海洋中的动物都是怎么在水下运动的？

### 分享

请你通过查阅资料、参观海洋动物园等方式，将各种海洋中动物的游动方式进行分类整理，并制作成画报与同学分享。

### 评价

| 项目 | 评价（满分 5 颗☆） |
| --- | --- |
| 我知道海洋中生物游动方式的分类 | |
| 我知道仿生机器鱼与传统螺旋桨设备的主要区别 | |
| 我制作了一份海洋动物运动方式分类的画报，并与同学分享 | |

# 第7课

1. 了解仿生机械鱼的结构特点。
2. 了解止转轭机械结构。
3. 制作机械鱼，并使其能在水下正常游动。

### 情景需求

仿生机器鱼具有体型小并且游动时安静的特点。现在越来越多的科研项目都比较青睐使用仿生机器鱼来完成。

设计制作一条机器鱼，让制作的机器鱼在外观、游动方式上都模拟鱼，并让机器鱼在水下游动。

## 思考分析

首先，机器鱼的外观若要与真鱼相似，我们就需要观察鱼类外观上的特征。以如图 7-1 所示的鲫鱼为例，请你观察它的外观特征。

图 7-1

鲫鱼的整个身体可以分为：________________________________________

________________________________________________________________。

其中，鲫鱼身体外观的特征为：____________________________________

________________________________________________________________。

生活在淡水中的大多数鱼类，都采用鲹行式摆尾游动，看上去就像身体后半部分和鱼尾两段进行摆动。

机器鱼运动需要有装置给它提供动力与能量，并且要想模拟鱼尾的摆动，还需要相应的机械结构。

我们可以使用电机来给整个机器提供动力。如图 7-2 所示，电机上面的十字孔可以旋转，连接轴类零件可以把电机的动力输出到其他结构上。舵机也能提供动力，但舵机不能持续旋转，舵机可以精准控制旋转角度。

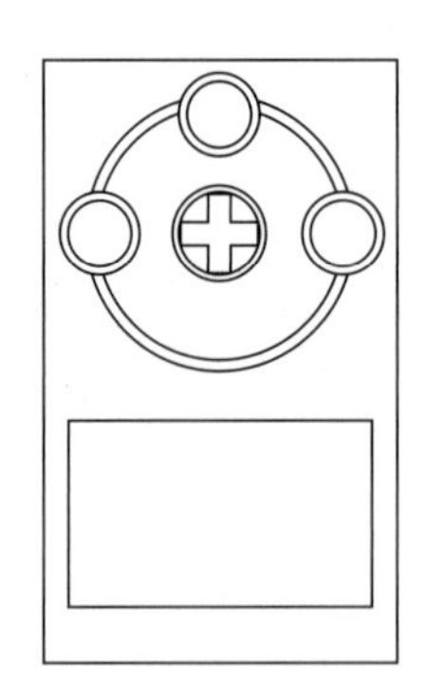

图 7-2

电池给整个机器提供能量。电池一般内置在主控器（图 7-3）中，并密封，以保证在水下运行时可以防水、防漏电。

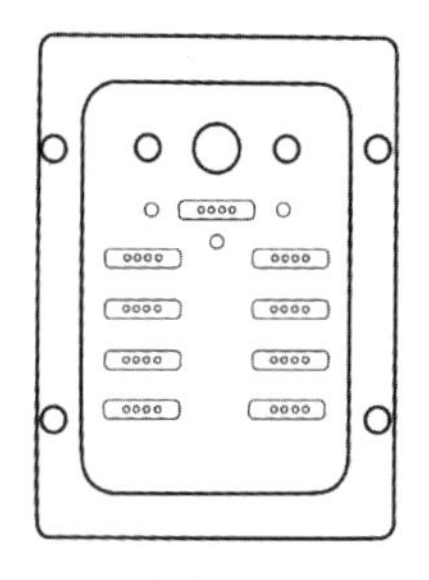

图 7-3

模拟鱼尾摆动，既可以用舵机直接控制鱼尾摆动，也可以使用机械结构。使用机械机构模拟鱼尾摆动时，我们可采用止转轭机构。

例　止转轭机构。

图 7-4~ 图 7-7 是止转轭机构运动的示意图，请你认真观察，并说出止转轭运动的特点。

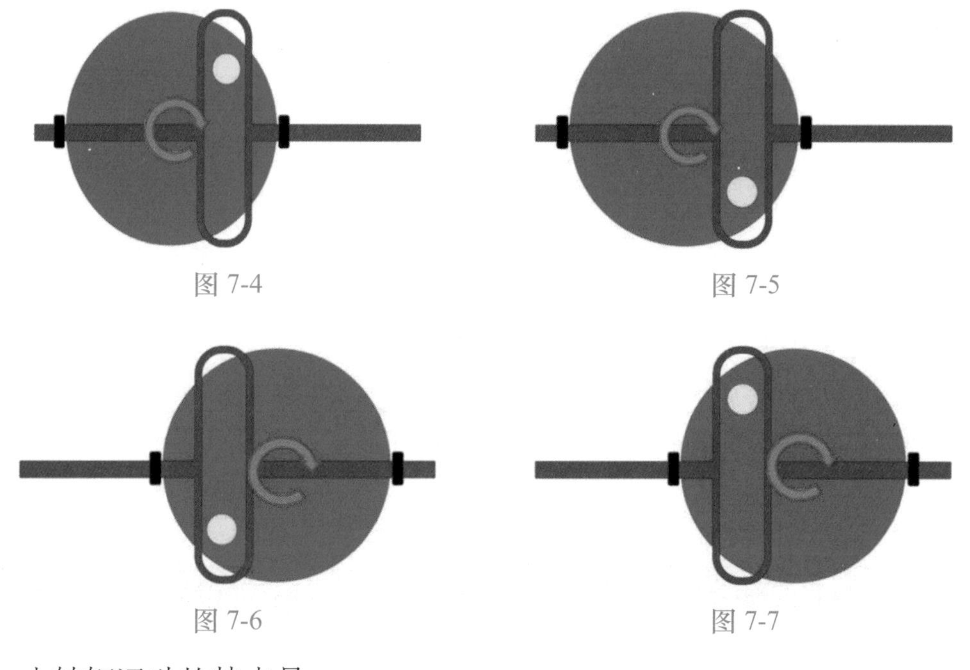

图 7-4　图 7-5

图 7-6　图 7-7

止转轭运动的特点是：________________________________________________。

止转轭是一种可以实现往复运动的机械结构，中心的轮旋转时，它可以带动与中心轮联动的机构左右摆动。应用它的运动特点，可以制作鱼尾，模拟鱼尾的摆动。

## 实施规划

根据观察分析鲫鱼的外观、游动的特点，并结合器材零件的特点，设计机器鱼。

请你设计机器鱼，并在下框中绘制设计草图。

请你根据参考，完善机器鱼，见表 7-1。

表 7-1

| 搭建说明 | 搭建样图 |
| --- | --- |
| 第 1 步：动力仓上下盖板。 | 1 2 3 4 |

（续）

| 搭建说明 | 搭建样图 |
| --- | --- |
|  |  |
| 第 2 步：动力仓搭建。 | 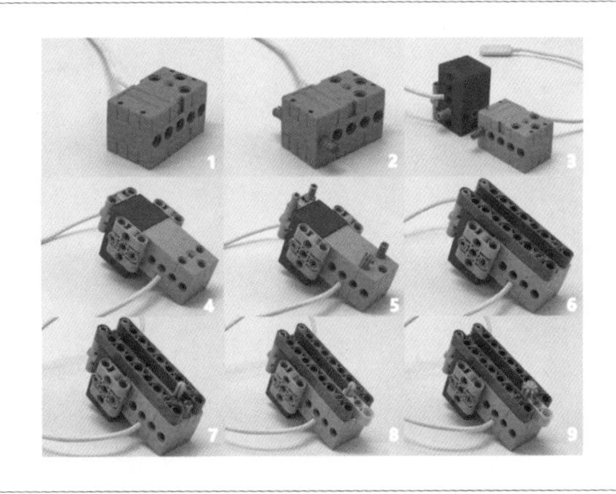 |
| 第 3 步：动力仓加装上下保护盖。 | 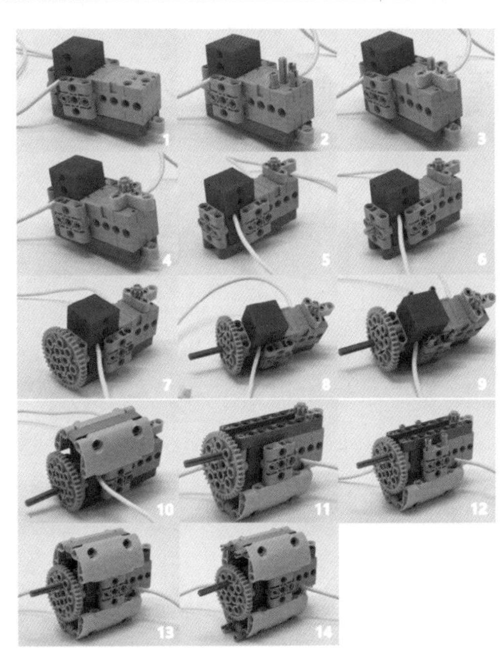 |

（续）

| 搭建说明 | 搭建样图 |
| --- | --- |
| 第 4 步：尾鳍部分制作（1）。 |  |
| 第 5 步：尾鳍部分制作（2）。 | 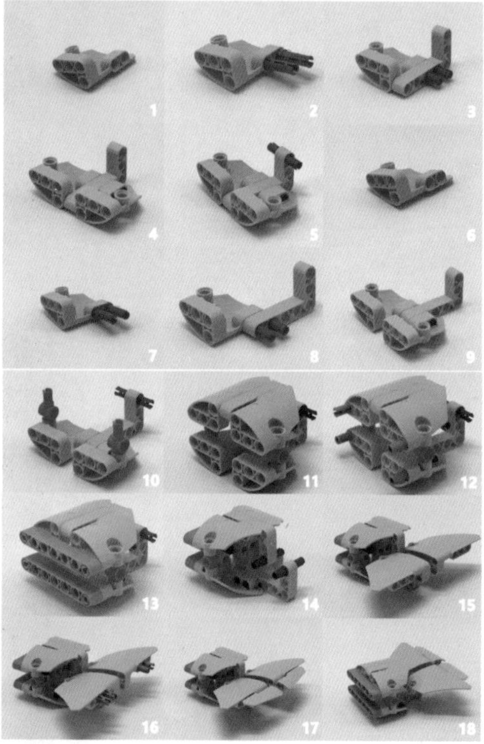 |
| 第 6 步：尾鳍拼装。 |  |

（续）

| 搭建说明 | 搭建样图 |
| --- | --- |
| 第 7 步：尾鳍与主机连接件。 | 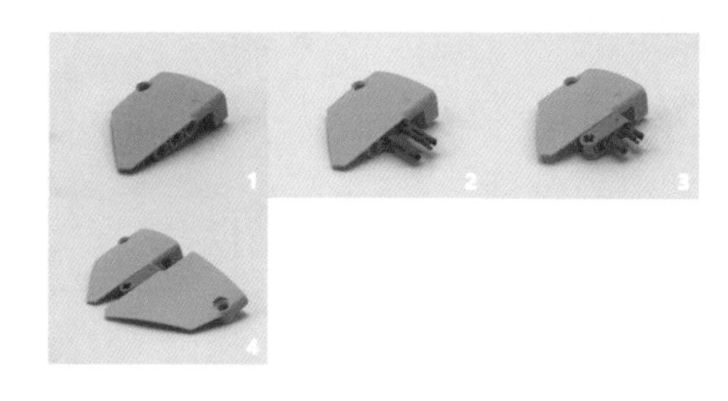 |
| 第 8 步：总装。 |  |

最后，对电机、舵机进行编程控制，使机器鱼的鱼尾能够模拟真实的鱼尾进行摆动。

## 编程合作

### 功能分析

在制作机器鱼时，我们使用了电机与舵机。其中，电机带动止转轭机构模拟鱼尾摆动，因此只需要让电机持续往一个方向旋转即可。

舵机控制机器鱼身体的后半段，舵机需要不停地带动齿轮正转、反转以便控制身体摆动，因此舵机摆动需要设置两个角度。

## 程序设计

请你使用程序流程图来设计程序。

## 参考程序

如图 7-8 所示。

水下魔方主程序
设置舵机接口 K2 为 1 号舵机
设置电机接口 K1 为 1 号电机
设置
1 号电机以动力 100 % 顺时针转 转动
1 号舵机旋转 90 度
等待 1 秒
1 号舵机旋转 45 度
等待 1 秒
循环执行

图 7-8

# 总结交流

## 总结

说说你是如何设计并制作机器鱼的。

## 分享

在设计制作机器鱼的过程中，你遇到了什么困难，你是如何解决的，把你解决问题的心得分享给你的同学。

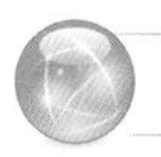

## 评价

| 项目 | 评价（满分 5 颗☆） |
| --- | --- |
| 我知道鲫鱼外观的特征 | |
| 我了解止转轭运动的特点 | |
| 我知道哪些装置能够提供动力，哪些装置能够提供能量 | |
| 我制作了机器鱼 | |
| 我的机器鱼能在水下正常游动 | |

第 8 课

1. 了解仿生学与仿生发明。
2. 知道仿生鱼的研究目的与发展成果。

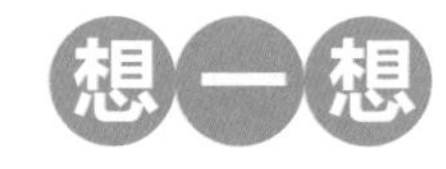


1. 仿生鱼已经被广泛应用到深海科研、商用消费等领域。可你知道仿生鱼从诞生到现在经历了哪些探索与尝试吗？请你站在你是一位科学家或工程师的角度，试着说一说仿生鱼的发展可能经历了哪些探索与尝试？

我觉得：______________________________________________

______________________________________________________

______________________________________________________。

2. 仿生鱼是模拟真实鱼类的生物特性研制的机器人，你还知道哪些发明是模拟生物特性制作出来的吗?

我还知道：________________________________________。

## 问题分析

其实人类研究鱼类在水中运动的历史非常久远。古代人类发现鱼类依靠尾鳍的摆动在水中自由地游动，由此发明了橹并安装在船艉，模拟鱼尾鳍的摆动来控制船的运动。

而现代机器鱼的研究，更加追求模拟真实鱼类的生物学特征。科学家与工程师不但要面临电子元器件防水的严峻挑战，还要解决使用机械结构模拟鱼类运动的设计难题，并且还要投入大量时间对机器鱼的游动、水下平衡、外观结构与机械结构、通信与集群协作等细节做调整，最终使得机械鱼在各方面都能够模拟真实鱼类。

为了完成对仿生机器鱼的制作，科学家与工程师除了把研究的关注点聚焦在机械本身外，还需要对生物学、电子控制、机器人、人工智能、材料学等有广泛的学习，使各领域的知识融会。因此仿生机器鱼的设计与制作是一门综合类的科研课题。像这种模拟生物特性并应用于人类发明的方式，形成了一种独立的科学，即仿生学。

仿生学就是要在工程上实现并有效地应用生物功能的一门学科。

自然界中存在着多种多样的生命形式，它们通过漫长的生存竞争，进化出了各种优秀的能力。这些优秀的能力，不断地给人类的科技进步提供源源不断的学习、研究素材。人类不断地研究生物体的结构与功能的工作原理，并根据这些原理发明制造新的设备和工具，创造出适用于生产、学习和生活的先进技术。而这一过程就是仿生学发展的过程。

生活中有很多仿生学的经典应用。

衣服上使用的魔术贴（图 8-1），就是模仿如图 8-2 所示的鬼针草容易黏附在动物的毛上的特点制作出来的。

图 8-1

图 8-2

如图 8-3 所示的鲨鱼皮泳衣里面的纤维结构，就是模拟如图 8-4 所示鲨鱼的皮肤。这样的结构使得穿着鲨鱼皮泳衣的运动员在水下受到的阻力更小，游动的速度更快。

图 8-3

图 8-4

如图 8-5 所示的电子蛙眼是模仿如图 8-6 所示的青蛙眼睛看物体的特点研制的装置，电子蛙眼能够敏锐迅速地跟踪飞行中的真实目标，而对静止目标视而不见。

图 8-5

图 8-6

## 新知学习

仿生鱼的发展简史

1994 年美国麻省理工学院成功研制了世界上第一条真正意义上的仿生金枪鱼，如图 8-7 所示。此后，各国也开始在相关领域进行研究，并结合仿生学、材料学、机械学和自动控制等，取得了丰富的成果。

图 8-7

英国埃塞克斯大学从 2005 年开始对机器鱼（图 8-8）进行研究。该学校的机器鱼研究小组设置了两个系列项目的研究，其中一个系列主要研究多电机多关节的尾部结构（图 8-9），另一个系列主要研究单电机多关节的尾部结构。

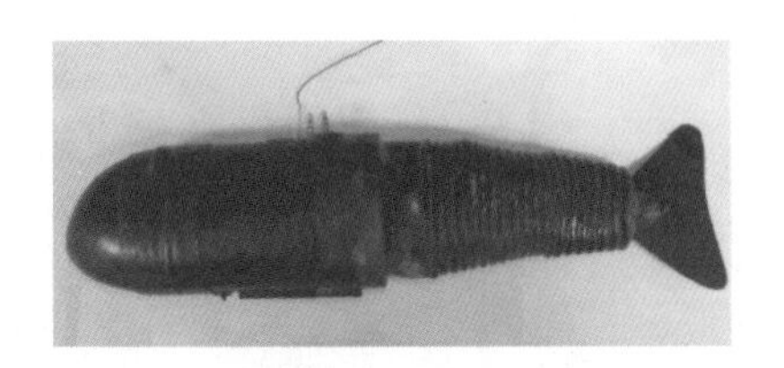

图 8-8

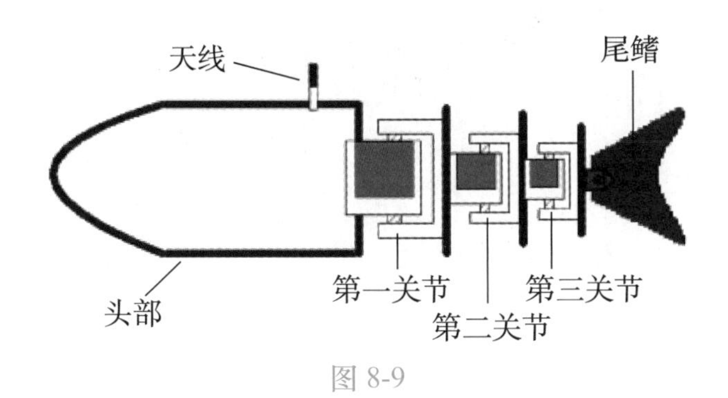


图 8-9

中国在仿生鱼方面也取得了丰硕的成果，目前研制了仿生鲤鱼、机器海豚、长鳍波动推进的水下运载器等。2020 年 8 月，之江实验室智能机器人研究中心与李铁风团队联合研制的软体机器鱼（图 8-10）在南海 3224 米海深处成功实现自主游动，此前该软体机器鱼在马里亚纳海沟 10900 米海深处成功实现了稳定扑翼驱动，该项成果也展示了中国在机器鱼研究领域步入了世界先进行列。

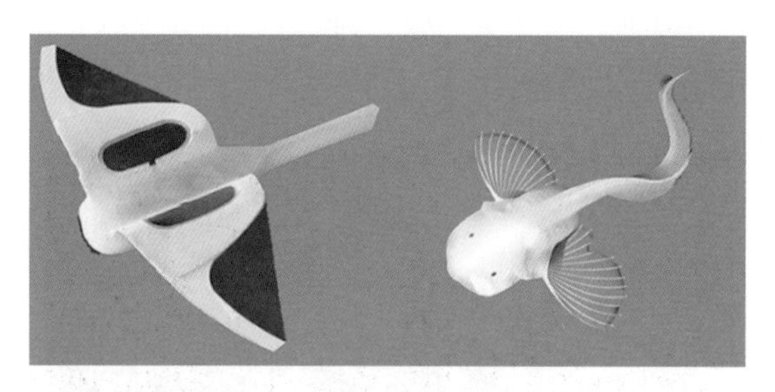

图 8-10

仿生鱼目前在消费、军事、科研领域均有应用。

在消费领域，如图 8-11 所示外观逼真漂亮的机器鱼，成为鱼缸中的新宠。

图 8-11

带有摄像头与聚光灯的仿生机器鱼，不但可以满足摄影爱好者水下拍照的需求，如图 8-12 所示，还可以满足垂钓爱好者诱捕鱼、观察鱼塘水下环境的需求。

图 8-12

在军事领域，仿生鱼可以在指定的水域收集侦测水文信息，同时可以完成反潜、排雷、布雷、监听侦察、海上救援等活动。图 8-13 为美军研制的可用于侦测的仿生鱼。

图 8-13

在科研领域，机器鱼可以帮助科学家完成海洋生物多样性的观察、采集工作。在海洋考古领域，可以帮助打捞船完成打捞作业。

# 总结交流

## 总结

请你说一说各国研究仿生机器鱼的时间，并说说各个国家设计的仿生鱼的结构特点。

## 分享

请你搜集一些仿生学在生活中应用的案例，并与同学分享交流。

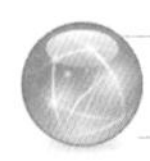

## 评价

| 项目 | 评价（满分5颗☆） |
| --- | --- |
| 我知道仿生鱼发展的历程 | |
| 我知道什么是仿生学 | |
| 我能找到生活中仿生学的应用 | |

# 第 9 课 水下移动特点

## 学习目标

1. 了解潜水艇的结构与运行特点。
2. 了解浮力、水压的基本概念。

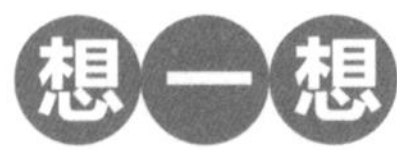

## 想一想

潜水艇是一种能够载人进行深海潜行的设备，它能够自如调节在水下的运行姿态，实现上升、下潜、直行、转向的控制。你知道潜水艇是通过哪些装置实现这些姿态控制的吗？潜水艇在调整运行姿态的过程中，运用了哪些物理学的知识？

潜水艇的运动姿态，是通过：________________________________________

______________________________________________________________

______________________________________________________________。

潜水艇运行姿态的调整，应用的物理学知识包括：____________________

______________________________________________________________。

## 问题分析

美国潜艇设计师约翰·霍兰首创的潜艇操控系统一直被沿用至今，几乎成为潜艇建造的标准。

一台潜水艇的结构大致如图 9-1 所示。

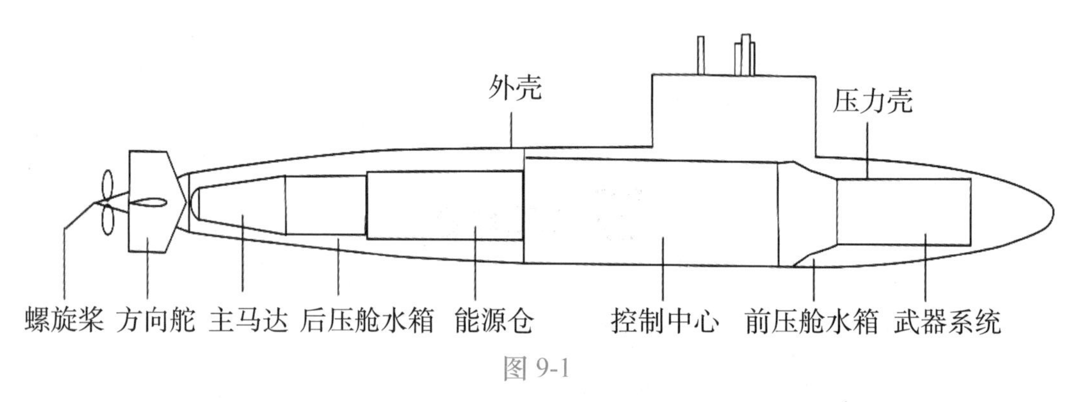


图 9-1

潜水艇有两层壳体：外壳与压力壳。外壳可以自由浸水，能让水自由流畅地进入到潜艇里，而压力壳具有承受水压的特点。主马达带动螺旋桨、方向舵运动，其中螺旋桨主要给潜艇提供行进动力，而方向舵可以调整潜艇行进方向。能源仓负责提供潜艇运行时的全部能量。根据时代技术的不同，潜艇的能源舱可以为核动力、油动力或电动力，主马达可以使用油动力引擎或电动力引擎。

控制中心为潜艇搭载人员的主要活动区域，可以对潜艇进行控制。前后两个压舱水箱可以通过排水、注水的操作实现对潜水艇上升下潜的控制。

潜艇的前方往往为武器系统。鱼雷、声呐探测系统通常都安装在潜艇的前部。

潜艇在水下运行时，合理操纵设备控制潜艇在水下的浮力、动力并时刻注意下潜时水压对船体的作用，从而实现潜艇在水下安全自如的运行。

## 新知学习

### 1. 潜艇的上升、下潜控制

潜水艇上升、下潜的控制主要是通过调节潜水艇压舱水箱中水的容量，从而调节潜水艇在水下的浮力大小，实现潜艇在水中沉浮状态的，如图 9-2 所示。

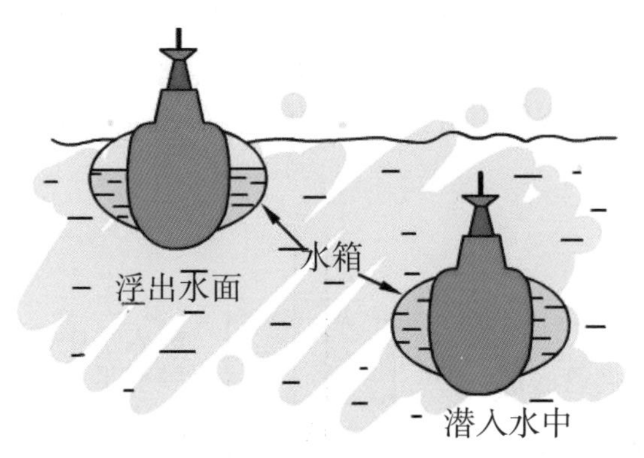


图 9-2

以物块在水中的状态为例，一个物块除完全沉入水底外，主要受到水的浮力与自身重力的影响，这两种力就像拔河一样，两种力方向相反，哪种力大，物体就向那边运动。

物块在水中受到浮力与重力的关系如图 9-3 所示。

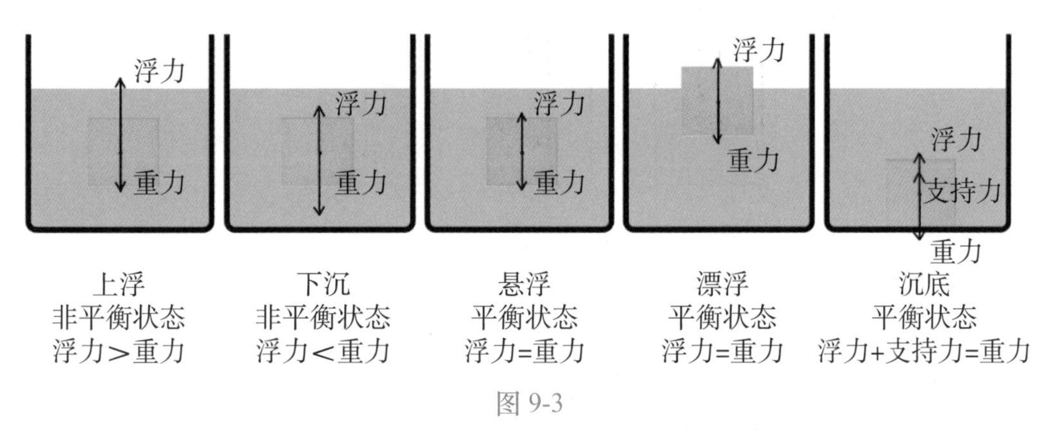


图 9-3

潜水艇下潜时，它会打开外层船体顶部与底部的开孔，让水进入压舱水箱，之后开动潜水艇的主马达，将方向舵设定到让潜艇下潜的位置，直到压舱水箱充满水，潜艇获得中性浮力——潜艇在水下悬浮，之后再关闭开孔。

2. 水压

水压指的是水对浸入到它里面物体的外表面产生的挤压力量。

通过在实验用玻璃容器上安装橡皮膜，我们能更加直观感受水压的特点，如图 9-4 和图 9-5 所示。

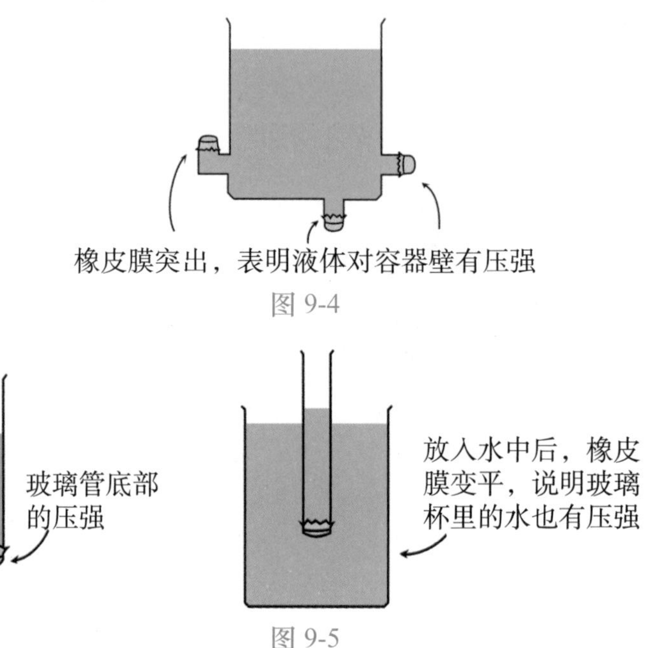


图 9-4

图 9-5

通过观察玻璃管底部橡胶膜的变化，可以发现，随着深度的增加，水对玻璃管底部的压强也越来越大，如图 9-6 所示。

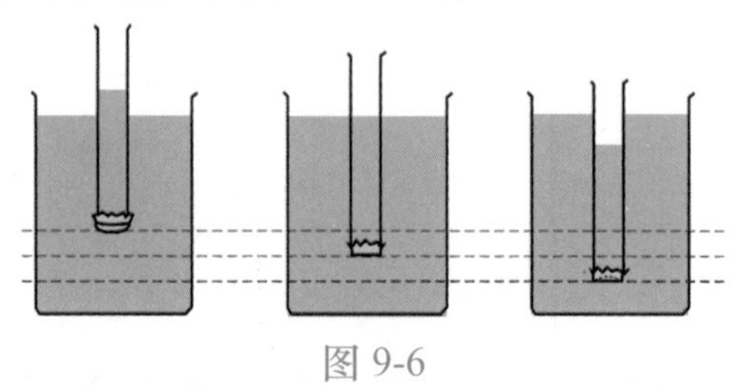

图 9-6

如果把压强计放入液体中保持深度不变，只改变方向，会发现压强没有变化，这说明液体内部同一深处各个方向压强相等，如图 9-7 所示。

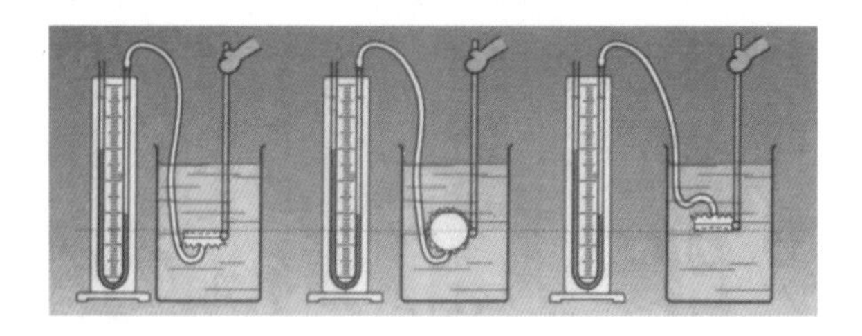

图 9-7

请你归纳总结物体在水中承受水压的特点。

答：________________________________________________

________________________________________________。

潜水艇为了防止在深水航行时水压对船体构成损坏，在制造时往往会对潜艇压力壳的材料要求极为苛刻。大多数潜水艇的潜深都在 500 米左右，如果潜艇下潜的水深超过设计时所规定的最大潜深，潜艇就会因为水压而分离解体。

## 实施应用

大多数潜水装置都或多或少采用了一些潜水艇工作的原理。如图 9-8 所示为蛟龙号深海探测器结构图。

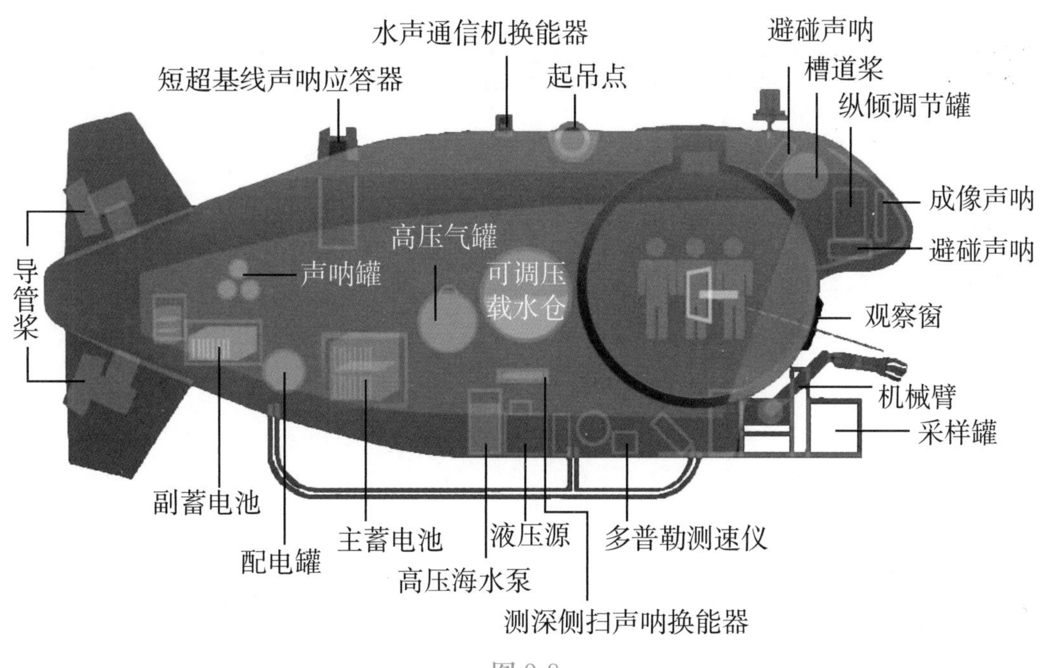

图 9-8

# 总结交流

## 总结

请你说一说潜水艇的结构组成。

## 分享

请你搜集潜水在军事上应用的历史资料，并绘制成画报与你的同学分享。

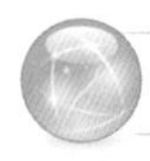

## 评价

| 项目 | 评价（满分 5 颗☆） |
| --- | --- |
| 我知道潜水艇的结构 | |
| 我知道浮力、水压对潜水艇的影响 | |
| 我搜集了潜水艇在军事上应用的历史资料，并绘制成画报与同学分享 | |

## 第10课

### 学习目标

1. 了解现代水下设备的设计结构。
2. 了解双螺旋桨行进控制的特点。
3. 了解通过控制变量的方式进行实验探究的方法。

## 设计创作

### 情景需求

为了满足对海洋科研、教学的需要，越来越多的无人潜行器被设计制造出来。这些潜行器的外观结构与传统的船、潜水艇有很大的不同。现代水下智能设备采用模块化的设计，这种设计不但大大简化了设计制作流程，又能广泛应用到各种水域环境中。

你能否也尝试利用模块化的设计方式，快速设计制作一台水下智能设备，并实现基本的行进控制？

## 思考分析

与传统的船与潜艇不同，水下智能设备通常采用多个螺旋桨来控制设备行进，如图 10-1 所示。

图 10-1

已知可以控制一个螺旋桨顺时针或逆时针转动来实现智能设备前进与后退。请你思考，若实现智能设备在水下转向，应该采用怎样的结构？为什么？

答：________________________________________________

________________________________________________________

________________________________________________________。

水下智能设备一般采用多个螺旋桨来控制设备的多方向行进。如图 10−2 所示，以设备两侧各安装一个螺旋桨为例，请你思考两侧螺旋桨的转动会对设备在水中行进方向产生哪些影响。

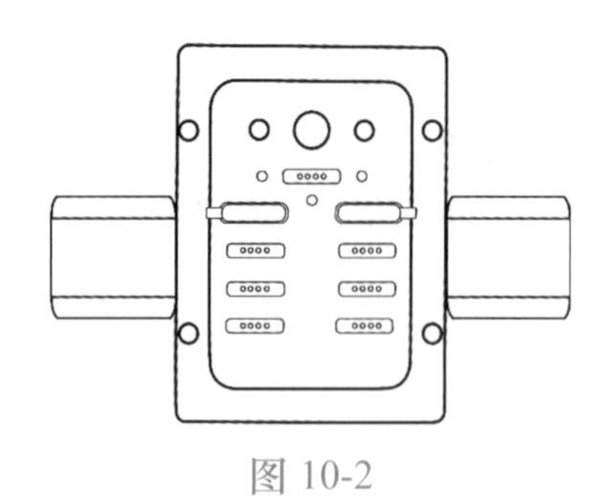

图 10-2

填写表 10-1 中的螺旋桨运行效果的猜想与记录。

表 10-1

| 安装方式 | 1 | | 2 | |
| --- | --- | --- | --- | --- |
| 位置 | 左侧 | 右侧 | 左侧 | 右侧 |
| 螺旋桨类型 | 正桨 | 反桨 | 反桨 | 正桨 |
| 旋转方向 | | | | |
| 运动效果猜想 | | | | |
| 实际运行效果 | | | | |

## 实施规划

根据“思考分析”内容，设计制作一台简易的水下智能设备。在下框中绘制出设计草图。

请你制作简易的水下智能设备。

## 编程合作

### 功能分析

螺旋桨分为正桨、反桨。正桨与反桨的桨叶方向是相反的。如图 10-3 所示，在安装正桨时，当正桨顺时针转动，向后推动水流，使设备向前行驶。而如图 10-4 所示，在安装反桨时，反桨顺时针转动，向前推动水流，使设备向后行驶。

图 10-3

图 10-4

若控制正桨、反桨来让水下智能设备按照程序设置的方向运行，只需调整安装的正桨、反桨顺时针或逆时针转动的方向、转动的速度与转动时间即可。

### 程序设计

例　如图 10-5 所示，设置两侧螺旋桨以 100% 的速度，同为顺时针旋转，并重复此命令。观察水下智能设备的行驶效果，并结合分析与思考填写的运行效果猜想，记录最终运行与调试的结果。

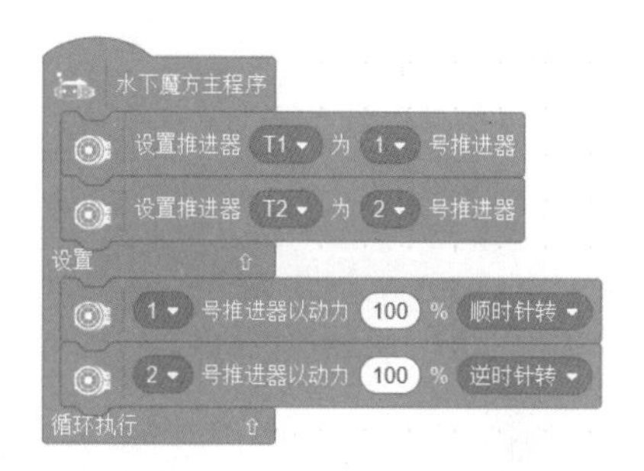


图 10-5

实际运行结果：________________________________________。

猜想运行结果：________________________________________。

实际结果是否与猜想一致：______（是 / 否）。

请你根据例题的要求，完成水下设备其他行进方向的程序设计与实际运行测试，并在下框中绘制相应的程序流程图。

## 参考程序

前进参考程序，如图 10-6 所示。

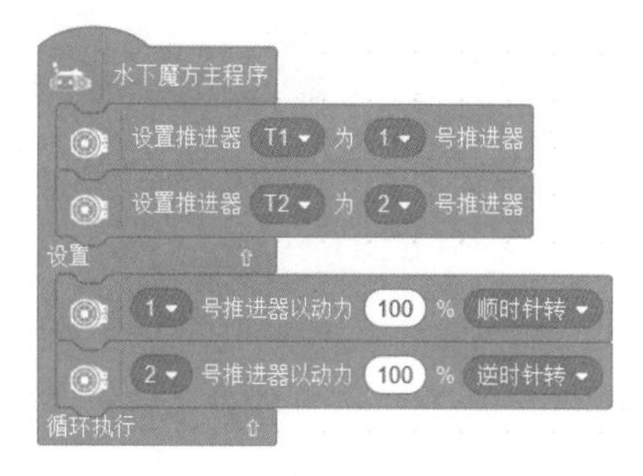


图 10-6

后退参考程序，如图 10-7 所示。

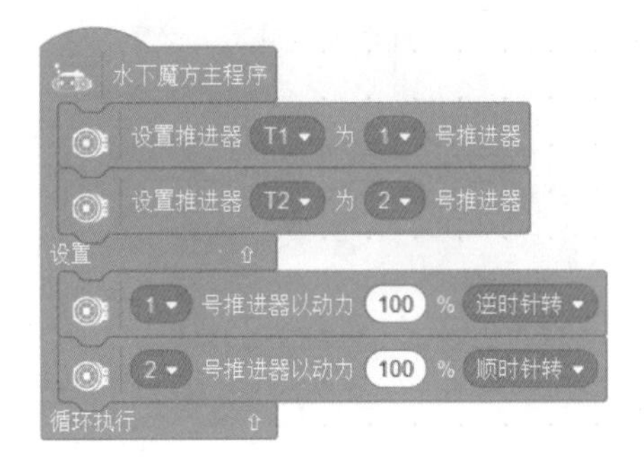


图 10-7

左转参考程序，如图 10-8 所示。

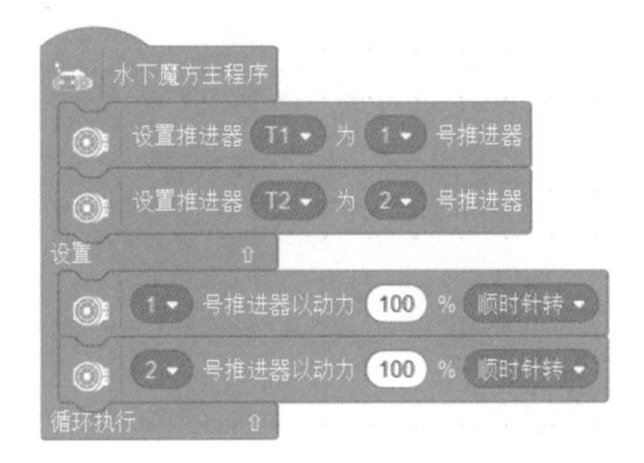


图 10-8

右转参考程序，如图 10-9 所示。

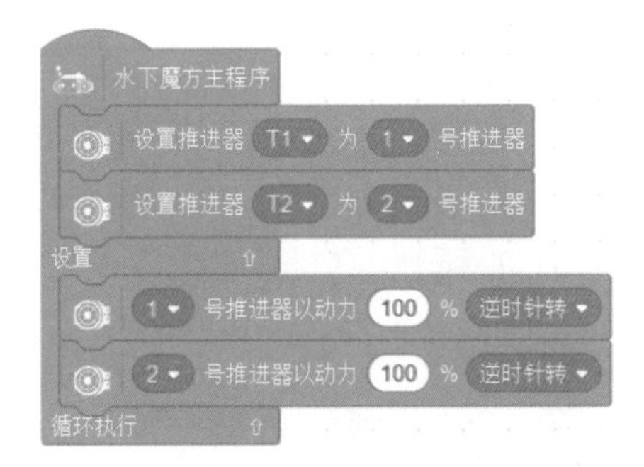


图 10-9

## 总结交流

### 总结

请你说一说水下智能设备与传统的船、潜水艇在结构上都有哪些不同？这样的优点与缺点分别是什么？

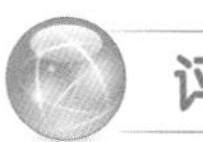

### 分享

在本课中，控制制作的简易水下智能设备进行转向时，方法是否唯一？请你把你尝试过的方法与全班同学交流分享。

### 评价

| 项目 | 评价（满分5颗☆） |
| --- | --- |
| 我知道水下智能设备的特点 | |
| 我知道多种控制水下智能设备的方法 | |
| 我乐于分享我的发现 | |

# 第11课

## 学习目标

1. 了解巡线的应用。
2. 了解巡线的基本原理。

### 情景需求

在无人仓库中，机器人已经替代人来完成货物的分拣与运输、货架的整理等工作，如图 11-1 所示。为了机器人能够高效灵活地完成搬运、分装货物的功能，在无人仓库的地面上会印刷一些线路，机器人巡着地上的线路，就能够快速准确到达指定的位置。

图 11-1

## 思考分析

请你想一想，机器人通过什么方式能够感知到地上的线路？

请你想一想，机器人是如何沿着线路行驶的？

## 实施规划

机器人可以通过感知线条颜色与地面背景色明显的差异来辨识线路，并沿线路行驶。

如图 11-2 所示，以深色的线与较浅颜色的地面背景为例，机器人默认向右前方行驶并判断是否遇到了深色的线。若遇到深色的线，机器人向左前方转向；若行驶到检测不到黑线时，机器人向右前方转向。重复这一过程，机器人就能沿着线路行驶。

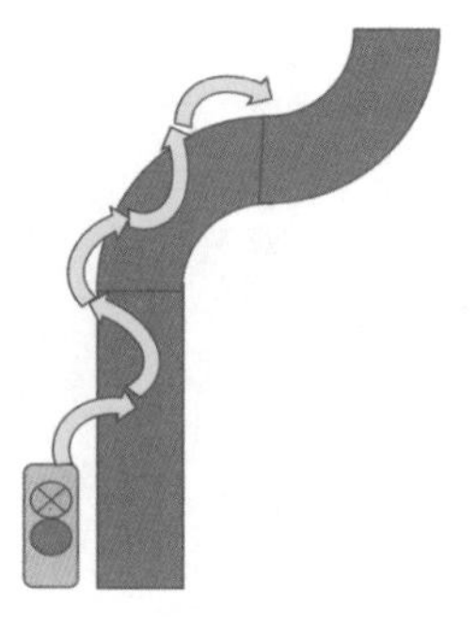

图 11-2

如机器人整个巡线过程是剧烈晃动的，可以在编程控制中增加相应的算法来减少这种晃动。

## 编程合作

### 功能分析

机器人需要判别是否检测到黑线，根据检测的结果做不同的控制指令。这种根据条件来选择对应控制结果的方式属于程序流程控制中的分支结构。

### 程序设计

程序的流程图如图 11-3 所示。

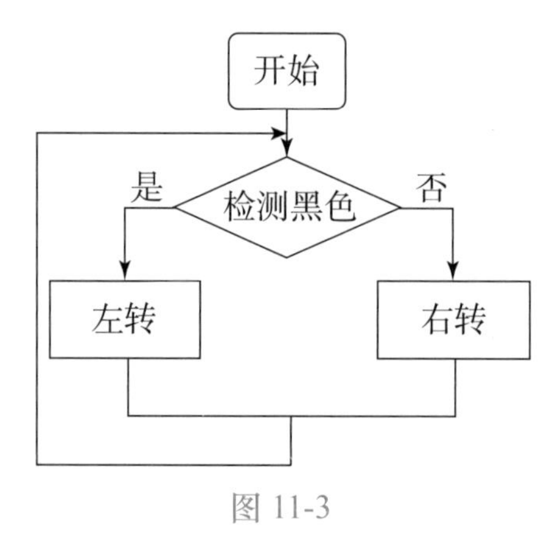


图 11-3

若在舞台上更好模拟巡线过程，需要设置一个角色，并在舞台背景上绘制线路。

**第 1 步：导入金小鱼角色。**

导入金小鱼角色之前，先删除默认的 Simba 角色。

把鼠标放在上，单击，从计算机中上传金小鱼角色，如图 11-4 所示。

图 11-4

选择“造型”选项，先把图形转换为矢量图，如图 11-5 所示。

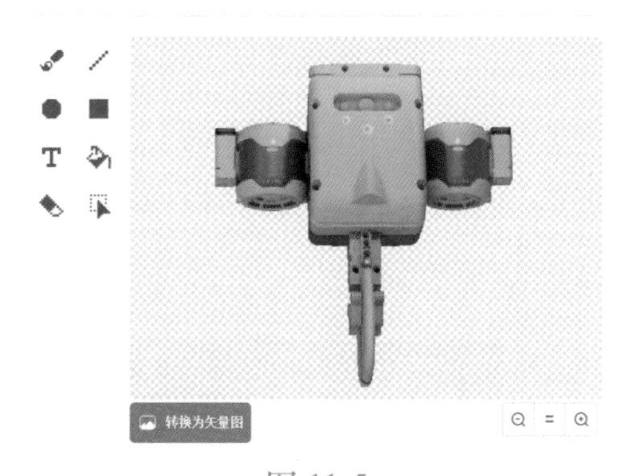


图 11-5

将角色顺时针旋转 90°，并在角色左右两侧绘制不同颜色的椭圆，如图 11-6 所示。

图 11-6

**第 2 步：在背景中绘制巡检的管道。**

单击背景 1，选择“背景”选项，使用矩形工具绘制一个蓝色的长方形，覆盖整个舞台，作为背景底色使用，如图 11-7 所示。

图 11-7

单击圆工具，将填充设置为无色，将轮廓宽度设置为 15，将轮廓颜色设置为白色，并在舞台的中心区域绘制，如图 11-8 所示。

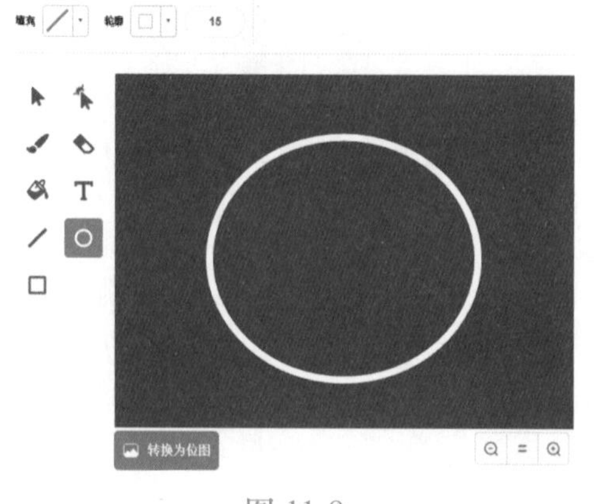


图 11-8

使用变形工具，将圆形拉扯成不规则的图形，如图 11-9 所示。

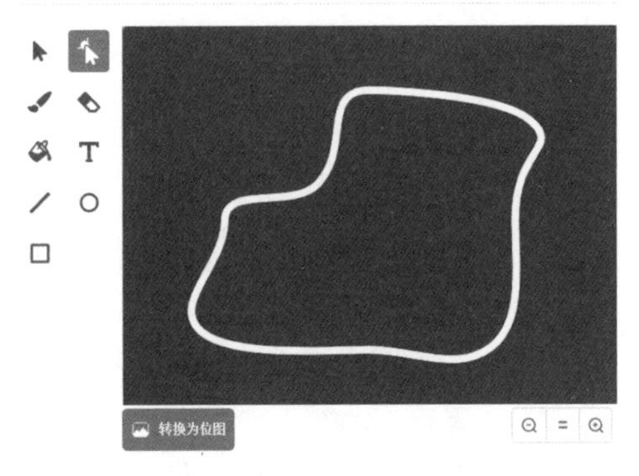


图 11-9

**第 3 步：将调整好的金小鱼角色贴近线条放置。**

单击金小鱼角色，并在它的代码中编写指令。

在侦测工具组中，可以使用 颜色 碰到 ? 模块来模拟机器人用传感器检测线路的功能。

金小鱼身体的主要颜色是橘黄色，而舞台中的线条主要是白色。鼠标单击 颜色 碰到 ? 模块上的颜色，使用滴管工具，将颜色分别设置为金小鱼的主体色与线路颜色。

例　如图 11-10 所示，先点击第一个颜色，选择滴管工具，此时除舞台区域外，软件其他区域被锁定。鼠标移动到舞台区，会显示一个圆形的提取框，将提取框的中心移动到金小鱼身上，提取金小鱼的主体颜色。然后单击第二个颜色，重复上述操作，提取线路的颜色。

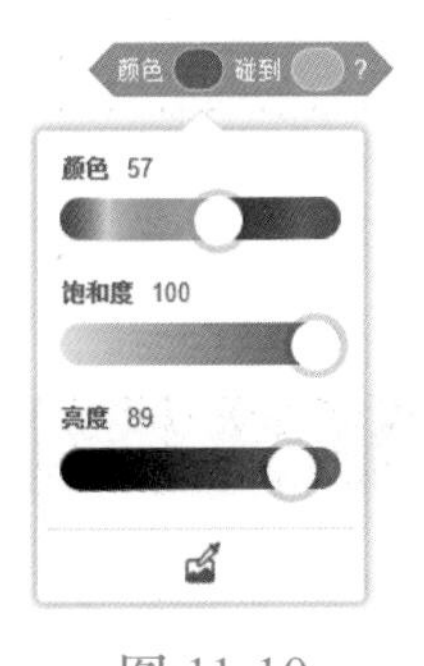


图 11-10

### 参考程序

如图 11-11 所示。

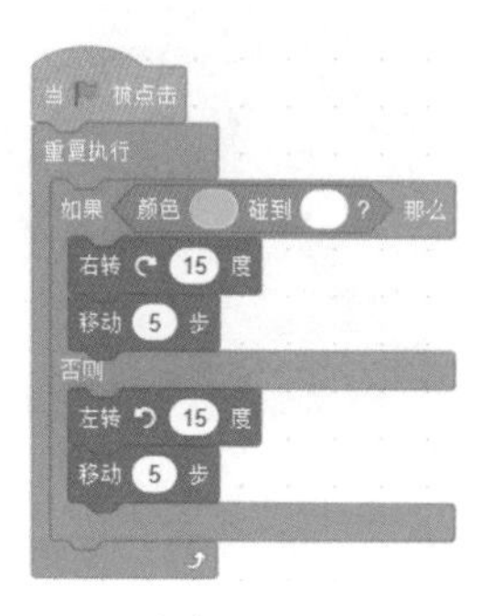


图 11-11

## 总结交流

### 总结

请你说一说机器人巡线的基本原理。

### 分享

在程序模拟机器人巡线的过程中，你都遇到了哪些问题，你是如何解决的？请你把解决问题的经验与同学分享。

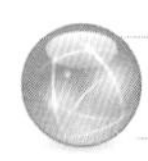

### 评价

| 项目 | 评价（满分 5 颗☆） |
| --- | --- |
| 我知道巡线的原理 | |
| 我会通过图形化编程，在舞台区模拟巡线的过程 | |
| 我乐于分享我在制作巡线程序时所发现的小窍门 | |

# 第 12 课 水下巡线控制

## 学习目标

1. 了解水下巡线的应用。
2. 了解水下巡检的方法。

### 情景需求

水下石油管道可以说是海上石油开采后运输到陆地的大动脉。为了保障水下石油管道的安全，需要定期对石油管道进行巡检。常规水下石油管道的巡检是由专业的潜水员来完成的，这种潜水工作不但会消耗潜水员的大量体力，还伴随一定的危险。

使用机器人来替代潜水员完成水下管道巡检已经成为一种非常迫切的需求。

## 思考分析

请你想一想，若完成水下管道巡检，机器人需要具备哪些功能？它又将如何沿着管道游动呢？

我认为：________________________________________________

________________________________________________________

________________________________________________________。

## 实施规划

若模拟水下机器人巡检管道，需要在机器人上安装传感器，以感知管道的位置。同时为了控制机器人在水中的游动，需要在机器人上安装螺旋桨。

请你在下框中绘制出机器人的设计草图。

请你制作具有巡线功能的水下机器人。

# 编程合作

## 功能分析

机器人在巡检管道时，两传感器分别放置在管道两侧，如图 12-1 所示。

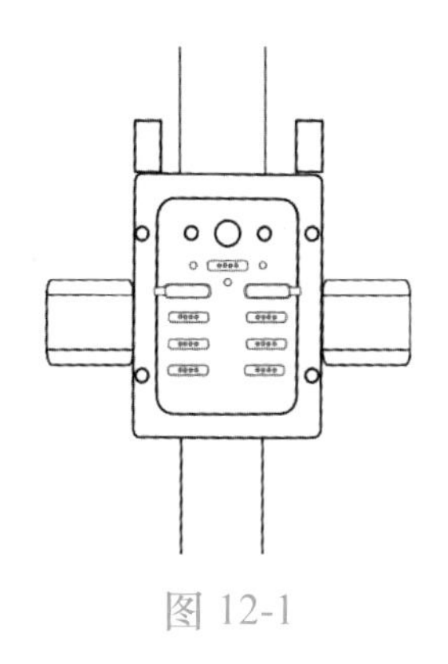

图 12-1

如图 12-2 所示，放置时需要注意传感器检测的距离。当传感器在管道的上方时，即①所示位置时，传感器有感应变化；在未检测到管道时，即②所示位置，传感器无感应变化。

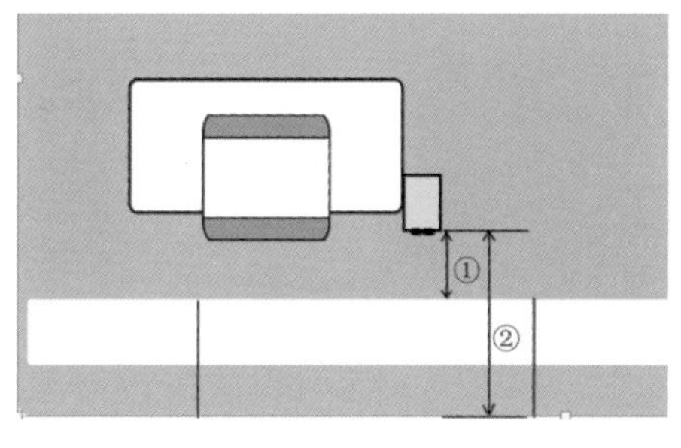


图 12-2

结合两个传感器检测到的状态与两个传感器与管道的相对位置，可以产生 4 种情况。

1. 两个传感器都没有检测到管道，说明管道在机器人的中间呈直线，此时控制机器人直行。

2. 左侧传感器检测到管道而右侧传感器没有检测到管道，此时管道相对于机器人向左侧转弯，此时控制机器人左转。

3. 右侧传感器检测到管道而左侧传感器没有检测到管道，此时管道相对于机器人向右侧转弯，此时控制机器人右转。

4. 两个传感器都检测到管道，说明管道横向挡住机器人前进的方向，此时机器人停止运行。

## 程序设计

程序中需要同时考虑两个传感器检测到的情况。

因此需要使用两次分支结构进行判断，如图 12-3 所示。

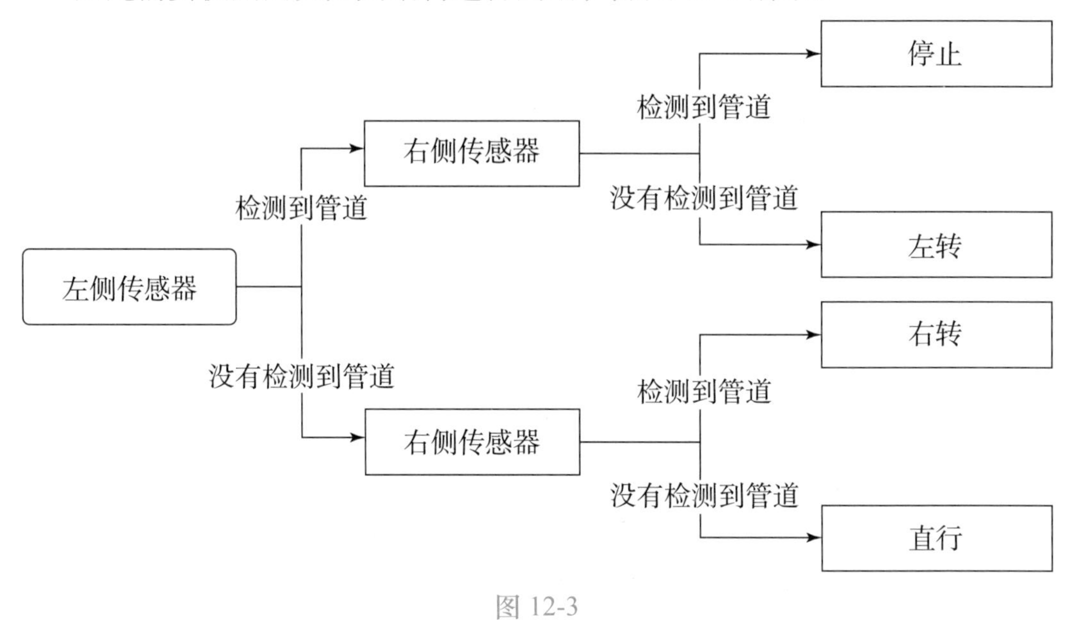


图 12-3

## 参考程序

如图 12-4 所示。

图 12-4

## 总结交流

请你说一说模拟水下管道巡检的原理与方法。

请你把模拟水下管道巡检时所遇到的问题，以及你解决问题的过程与你的同学分享。

评价

| 项目 | 评价（满分5颗☆） |
| --- | --- |
| 我知道水下巡线的工作原理 | |
| 我能实现水下巡线的功能 | |
| 我能解决实现水下巡检时遇到的各种问题 | |

第13课 

# 船的发展

## 学习目标

1. 了解不同航海时期船的特点。
2. 了解航海发展与科技发展、船发展紧密相连。

## 想一想

船作为航海时的一种重要工具，从诞生到现在已经有千年的历史了。你知道历史上都出现过哪些类型的船吗？它们分别有什么特点？

答：______________________________________________

______________________________________________

## 问题分析

根据航海不同的历史时期，我们可以查阅不同地域不同文明出现的船，研究它们的特点，从而找到船发展与航海发展紧密相连。

布赖恩·莱弗里按照时间大致把人类航海分为：发展早期（公元 1450 年前）、探索时期（公元 1450—1600 年）、帝国时期（公元 1600—1815 年）、蒸汽时期（公元 1815—1914 年）、海战时期（公元 1914—1945 年）和海洋全球化时期（1945 年至今）。

## 新知学习

在航海发展早期，人们用到的船主要依赖人力划动船桨使船获得行进的动力，如图 13-1 所示的维京长船。虽然这时的船舶也会安装帆，但受到占星术（天文学）与亚麻产量等限制，人们只能预测有季节规律的风并加以利用，无法有效地调节帆来在各种风向中顺畅航行，并且帆的制造周期、成本较高，也容易成为饥饿海鸟们的食物，因此早期的船只并不依赖帆。

图 13-1

进入到航海探索时期后，科学技术快速发展，人们已经找到海上航行时有效利用海风的方法，大型帆船成为海上的主流船。此时人们已经能够通过操控帆船开展长距离的商业活动，并开始海外领土的开拓活动，如图 13-2 所示。但帆船航行仍然会遇到问题，在海水浓度差异大的海域与海风活动薄弱的地方，一旦船停止不动，那么给所有船员带来的只有绝望。

图 13-2

进入到航海帝国时期后，帆船的结构开始了大规模的优化，首先帆桅杆的数量优化到了 3 个。积累了大量航海经验的造船工匠发现，想要在海上航行，且造船时尽可能节省材料，那么至少需要 3 根桅杆来布置帆，从而有效地利用海上的风，如图 13-3 所示的东印度商船。与此同时，大多数的帆船开始配装大炮。

图 13-3

伴随着工业革命，蒸汽机被应用到各种行业中，航海利用蒸汽机驱动的蒸汽船诞生，如图 13-4 所示。这种蒸汽船能够克服船行驶时对海风的依赖。

图 13-4

航海海战时期，船舶尤其是战舰得到了充分的发展，如图 13−5 所示的驱逐舰，船的设计与建造可以根据使用环境更加精细地进行调整。内燃机取代了蒸汽机，螺旋桨的尺寸得到了调整。

图 13-5

如今已经进入到航海海洋全球化时期，海洋贸易越来越重要，大型的油轮、货船投入使用，如图 13-6 所示，增强了国与国之间通过海洋运输进行的贸易交流。

图 13-6

请你根据表 13-1 中图例特点，判断这些船出现在航海哪个时期。

表 13-1

| 图例 | 名称 | 时期 |
| --- | --- | --- |
|  | 郑和宝船 |  |
|  | “泰坦尼克”号 |  |
|  | “俾斯麦”号 |  |

# 总结交流

## 总结

请你总结一下不同航海时期船的特点。

## 分享

请你说一说你最喜欢哪个时期的船，为什么？

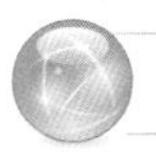

## 评价

| 项目 | 评价（满分5颗☆） |
| --- | --- |
| 我知道航海发展各个时期的名称 | |
| 我知道各个时期船的特征 | |
| 我与同学分享了我喜爱的船以及船的故事 | |

第 14 课

# 第 14 课 船的种类

1. 了解根据螺旋桨数量对船舶进行分类的方式。
2. 了解船舶驱动方式。

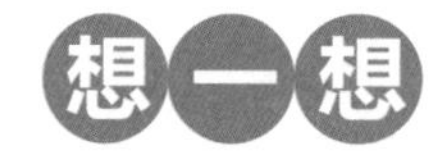


你知道船舶发展到现在都有哪些类型么？在给现代船舶分类时，可以依据哪些标准呢？

我知道船舶的类型有：______________________________

______________________________________________。

船舶的分类方法有：______________________________

______________________________________________。

## 问题分析

船舶在历史发展中，从人力驱动到利用内燃机进行驱动经历了漫长的过程，一些传统的驱动方式在很多船舶上仍然保留。我们可以根据船舶动力驱动的类型对其进行分类。细分类的时候又可以按照驱动船舶螺旋桨的安装数量来进行分类。

此外，船舶在重量、大小上也存在差异，它们浸入海中排出海水的体积也不同，按照排出海水体积即排水量，我们也可以对船舶进行分类。

还有一种较为简单的分类方式，就是按照船舶用途来分类。

按照船舶驱动方式，船舶可以分为帆船（图 14-1）、轮船（图 14-2）。

图 14-1

图 14-2

排水量是用来表示船舶尺度大小的重要指标，是船舶按设计的要求装满货物即满载时排开的水的质量。排水量通常用吨位来表示。

船舶排水量越大，船舶的体型就越大，在海上行驶时抗风浪的能力就越强。

若按照船舶用途来分，可以分为军用船舶、民用船舶和科研船舶。军用船舶可以按照军事用途进行细分类，民用船舶可以按照船舶从事的商业、渔业活动进行细分类，科研船舶可以根据科研目的进行细分类。

## 实施应用

请你选定一种分类标准，将破冰船（图 14-3）、游轮（图 14-4）、巡洋舰（图 14-5）分类。

图 14-3

图 14-4

图 14-5

我的分类方法是：________________________________________。

## 总结交流

### 总结

请你说一说现代船舶可以分为哪些种类，它们的分类方法是什么？

### 分享

你喜欢按照哪种分类方法对船舶进行分类，请你把你的理由与同学分享。

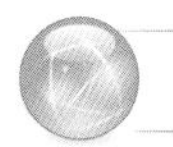

### 评价

| 项目 | 评价（满分 5 颗☆） |
| --- | --- |
| 我知道船舶分类的一般方法 | |
| 我能够设定自己的船舶分类标准 | |
| 我能够对常见的船舶按要求进行分类 | |

第 15 课

1. 了解螺旋桨与舵的作用。
2. 知道舵是控制单桨船方向的核心。

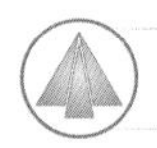
情景需求

船舶在航行时依靠螺旋桨提供行驶的动力。根据船舶的大小、用途、工作水域，船舶使用螺旋桨的数量也会发生变化。

使用一个螺旋桨控制行驶的船被称为单桨叶船。这种船整体结构简单，直线航行时，更容易调节航速以使螺旋桨的运行效率达到最大，从而节省燃料。

如图 15-1~ 图 15-3 所示，分析单桨叶船的结构特征。

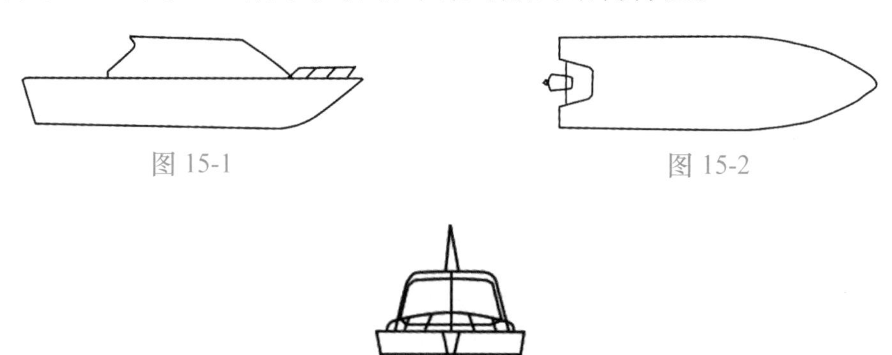

图 15-1　　图 15-2

图 15-3

单桨叶船的特征是：________________________________________
________________________________________________________。

这种船身造型的好处是：前进时，较窄的船艏可以有效减小水流对它的阻力，并且水流会顺着船的身体流向船艉，并在船艉较宽的地方形成伴流，有效地推动船前进，如图 15-4 所示。

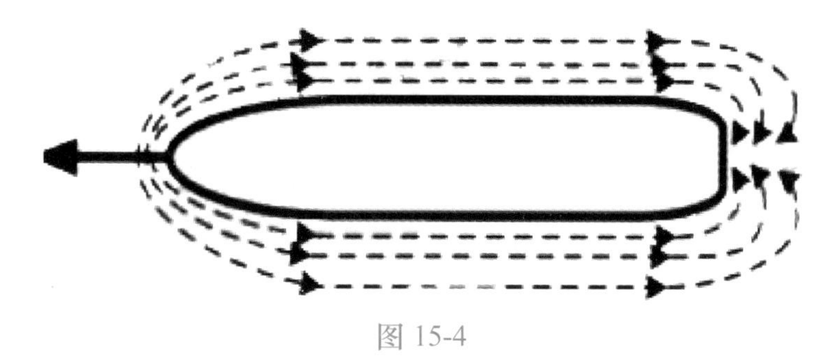

图 15-4

如图 15-5 和图 15-6 所示，螺旋桨安装在船艉，并在水线以下，通过发动机获得的动力而旋转，将水流推向船后，利用水的反作用力形成推力。

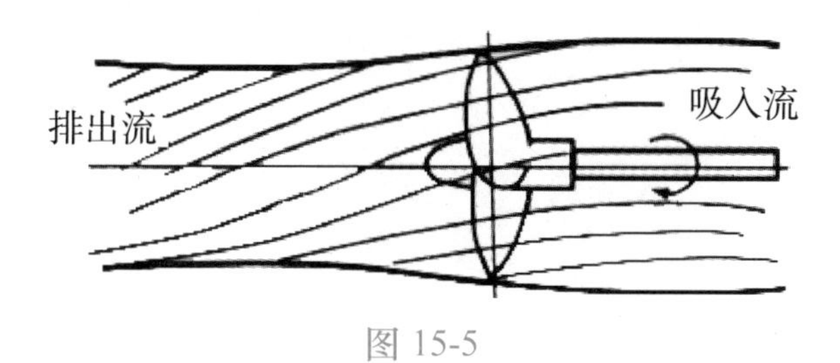


图 15-5

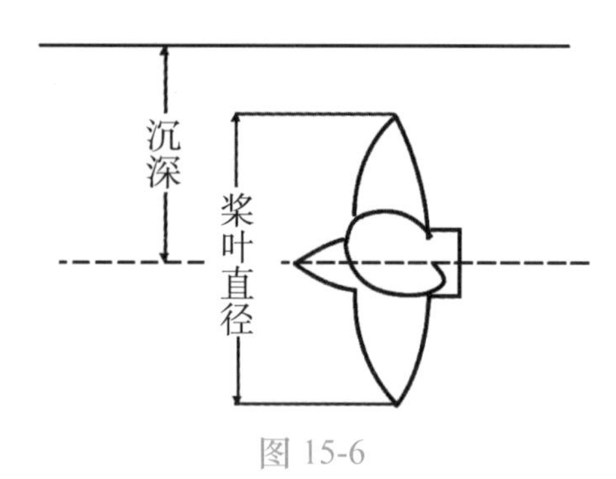

图 15-6

螺旋桨根据桨叶的造型不同，在旋转时推水的方向也不相同，如图 15-7 所示。若螺旋桨顺时针旋转时，向后产生推力，使船前进，我们称这样的螺旋桨为正桨。若螺旋桨逆时针旋转时，向后产生推力，使船前进，我们称这样的螺旋桨为反桨。

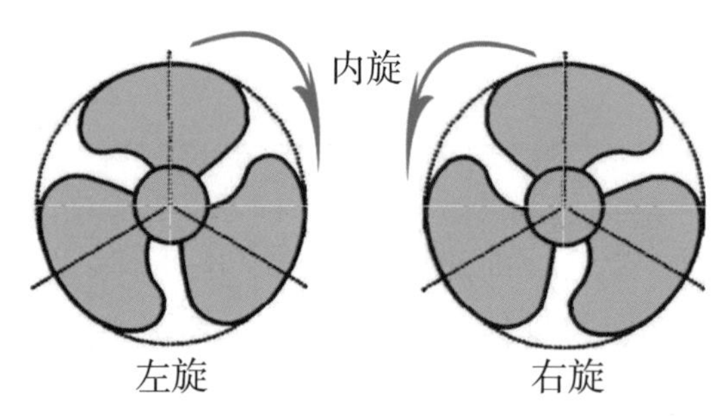

图 15-7

单桨叶螺旋桨的船在前进时，由于螺旋桨旋转时会使它周围水的压力发生变化，旋转时总有一侧的压力会大于另一侧的压力，导致偏转现象发生。

如图 15–8 所示，在螺旋桨的后方加上舵叶后，螺旋桨排出的水流会打到舵叶上，又会使舵叶附近的水压发生变化，若此时舵叶两侧的水压一致，船会直线行驶，若不一致，则船会发生偏转。

图 15-8

通俗地说，舵就是和船体外壳相连接，控制船运动方向的装置。

舵一般安装在螺旋桨的后面，通过舵叶的摆动，调节水相对于舵的流速，从而控制船行驶的方向和船的速度。

## 实施规划

请你根据单桨叶船的特征，利用“工具包”配件设计一艘单桨叶船，在下框中画出它的设计草图，并制作。

请你根据参考，完善单桨叶船，见表 15-1。

表 15-1

| 搭建说明 | 搭建样图 |
| --- | --- |
| 第 1 步：制作船艏。 | 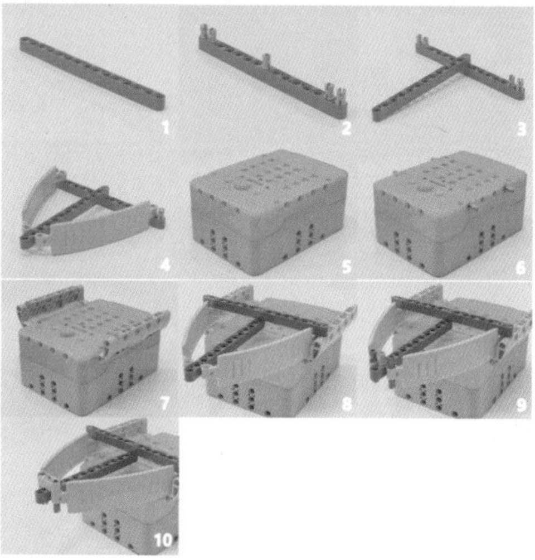 |

（续）

| 搭建说明 | 搭建样图 |
| --- | --- |
| 第 2 步：制作船身。 | |
| 第 3 步：安装座椅与舵机。 | |
| 第 4 步：在电机上安装结构件，以便与船身固定。 | 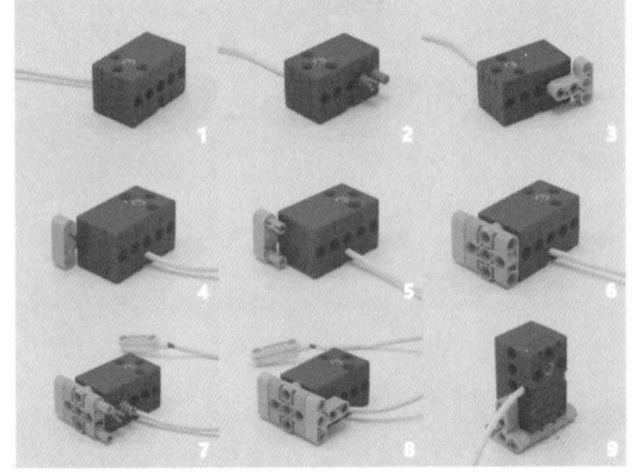 |

（续）

| 搭建说明 | 搭建样图 |
| --- | --- |
| 第 4 步：在电机上安装结构件，以便与船身固定。 |  |
| 第 5 步：制作螺旋桨。 |  |

（续）

| 搭建说明 | 搭建样图 |
| --- | --- |
| 第 6 步：将螺旋桨安装在电机上，并把电机固定在船身上。 | |
| 第 7 步：在舵机上安装一个翼板结构件，用来指示舵机旋转的角度。 | |

### 功能分析

控制螺旋桨正转、反转可以控制船前进、后退。使用舵机可以控制船的转向。

### 程序设计

请你根据实际情况，自己绘制控制单桨叶船前进的程序，并在下框中绘制程序流程图。

## 参考程序

如图 15-9 所示。

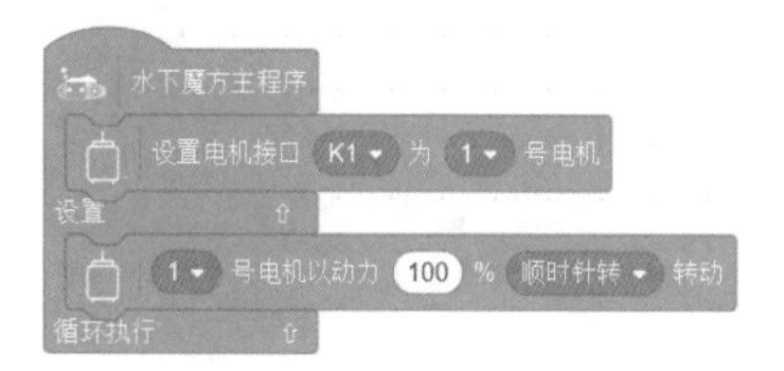


图 15-9

# 总结交流

## 总结

请你说一说单桨叶船的结构特点。

## 分享

请你说一说你在制作单桨叶船的过程中遇到了哪些问题，你是怎么解决的？把你的经验与你的同学分享。

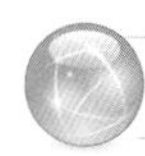

## 评价

| 项目 | 评价（满分 5 颗☆） |
| --- | --- |
| 我知道单桨叶船的特点 | |
| 我能够让制作的单桨叶船顺利运行 | |
| 我能解决制作过程中遇到的各种问题 | |

# 第 16 课　船的创意制作

## 学习目标

1. 了解创意设计的基本方法。
2. 知道创意制作与发明创造的共同点。

## 想一想

请你想一想，能否不使用舵控制船在水中的运动，使船能够快速前进、后退与转向？

请你把你的想法写下来并与同学交流讨论。

我的想法是：________________________________________

________________________________________________

________________________________________________

________________________________________________

________________________________________________

________________________________________________。

## 问题分析

螺旋桨是给船提供动力的装置。螺旋桨旋转是向后推水可以使船向前行驶，那么若螺旋桨向船体的左后方推动水流会怎样呢？

能够不通过舵，而是直接通过调节螺旋桨自身的方向控制船舶行驶吗？

## 新知学习

双桨叶船是指在船艉部安装一对螺旋桨，从而控制船行驶的一种船体，如图 16-1 所示。

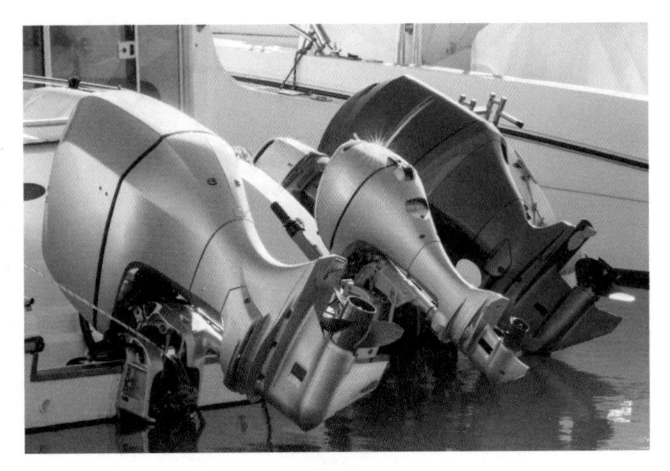

图 16-1

双桨叶船安装的这一对螺旋桨桨叶旋转方向相反，即一个为正桨、一个为反桨。船的方向盘直接控制这一对螺旋桨左右旋转，从而控制船的转向。

## 实施应用

请你自己设计一艘不用舵来控制方向的船，在下框中画出它的设计草图，并制作。

请你根据参考，完善你的作品，见表 16-1。

表 16-1

| 搭建说明 | 搭建样图 |
| --- | --- |
| 第 1 步：制作船艉，并在船艉安装两个舵机。 | 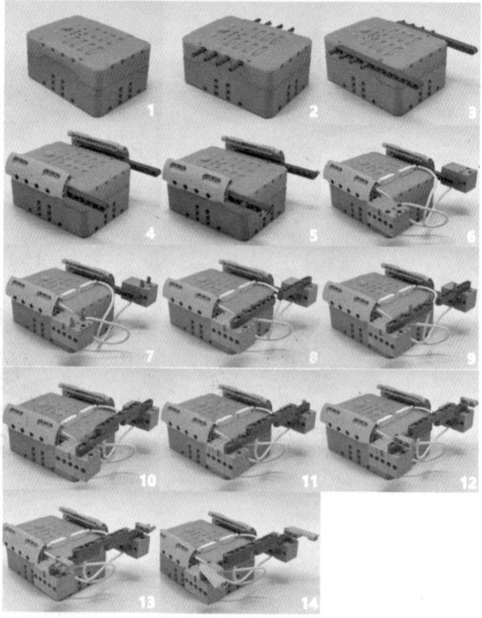 1 2 3 4 5 6 7 8 9 10 11 12 13 14 |
| 第 2 步：将舵机与螺旋桨推进器相连接。 |  1 2 3 4 5 6 |

（续）

| 搭建说明 | 搭建样图 |
|---|---|
| 第 3 步：安装制作座椅，并为船艉部分制作遮挡棚。 | 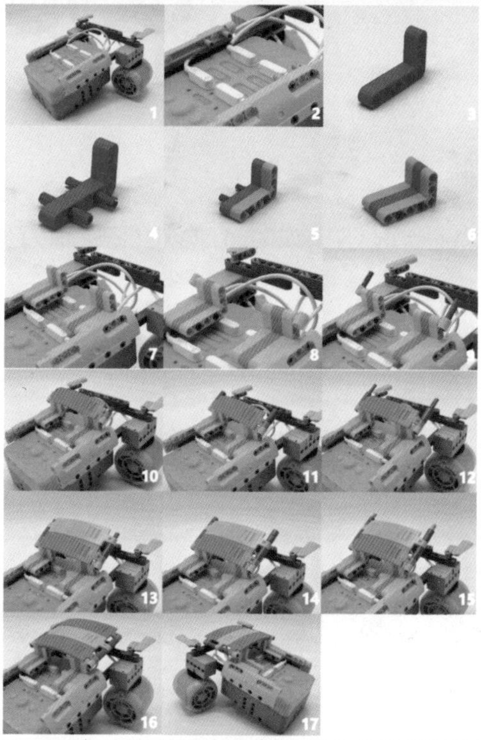 |
| 第 4 步：制作船艏。 |  |
| 第 5 步：完善船艏。 | 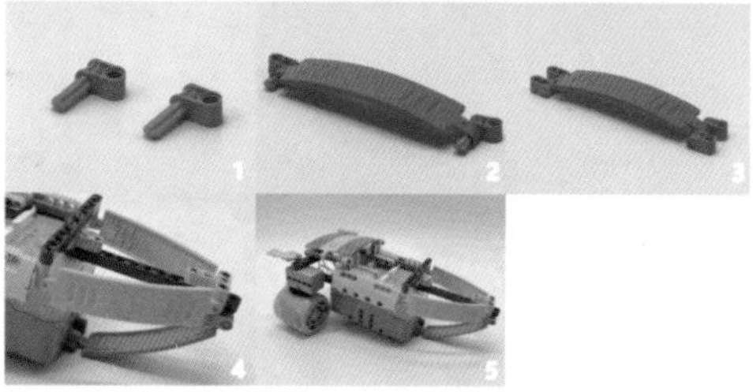 |

请你说一说你在设计不使用舵控制方向的船时，你是如何梳理自己的设计思路的。

请你分享你在设计制作这艘船时的创意、想法。

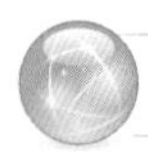

评价

| 项目 | 评价（满分5颗☆） |
| --- | --- |
| 我能设计一艘与众不同的船 | |
| 我制作的船可以正常行驶 | |
| 我乐于分享我的创意、想法 | |

# 附录

## 附录一　教学“工具包”配件清单

### 造型板件

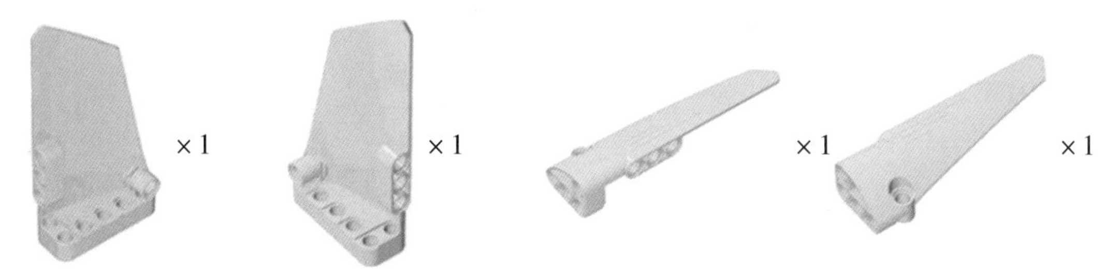


5×11 科技面板 A 面　5×11 科技面板 B 面　3×11 科技面板 A 面　3×11 科技面板 B 面

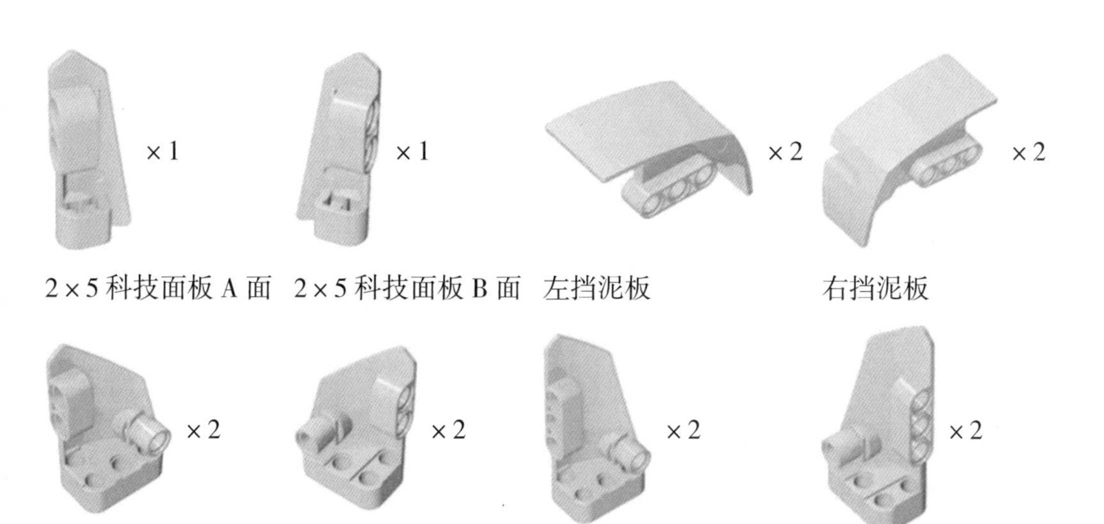


3×5 科技面板 A 面　3×5 科技面板 B 面　3×7 科技面板 A 面　3×7 科技面板 B 面

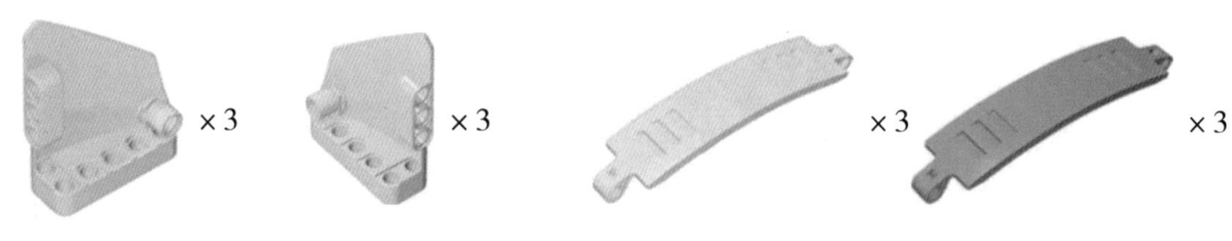


5×7 科技面板 A 面　5×7 科技面板 B 面　黄色弧形科技面板　橙黄色弧形科技面板

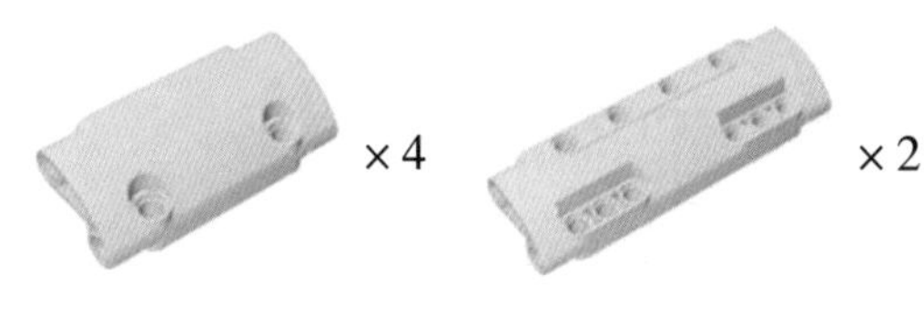


7×3 科技面板　11×3 科技面板

## 科技杆件

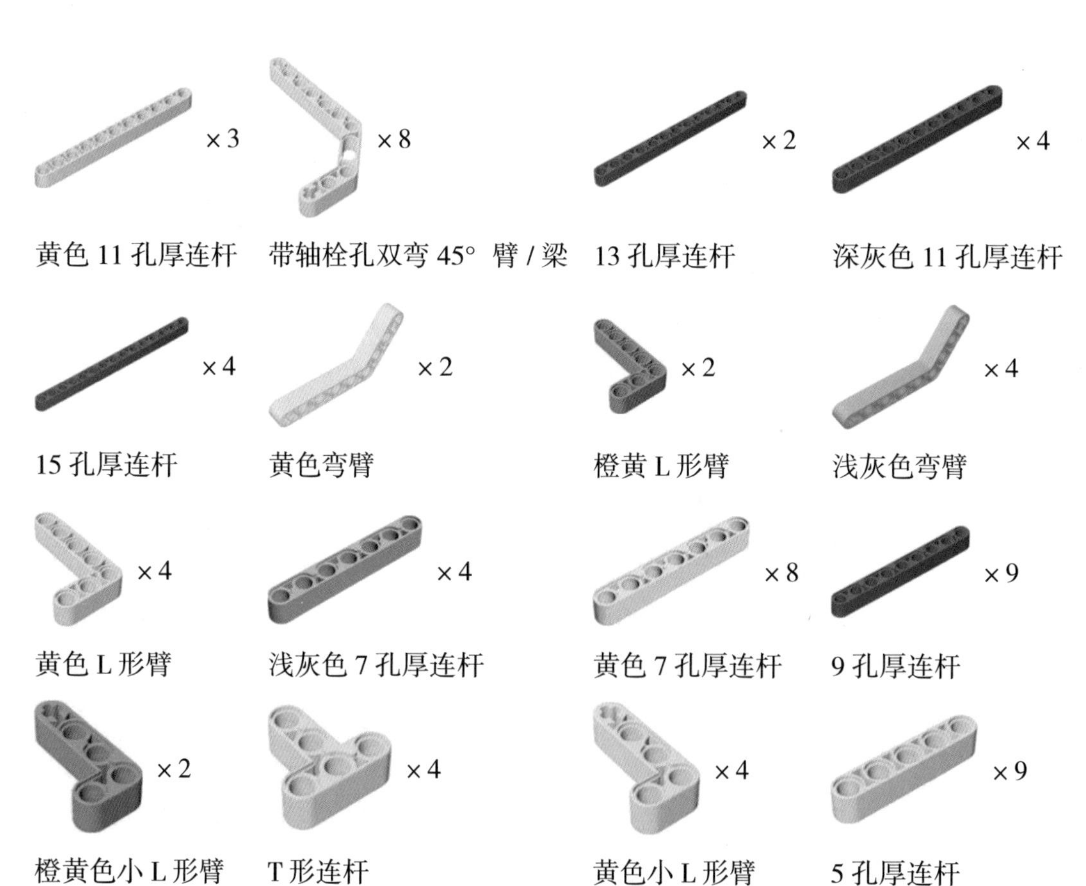

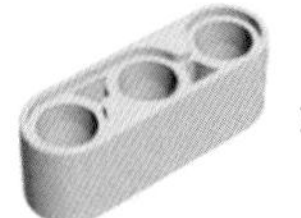
×4

3 孔厚连杆

## 连接栓件

×3

双栓连接件

×2

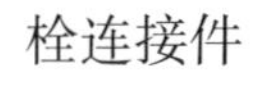

栓连接件

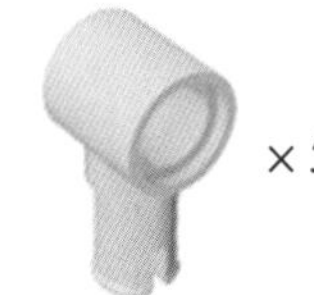
×5

单栓连接件

×20

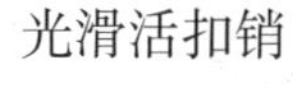

光滑活扣销

×30

半十字轴半栓

×25

长两栓摩擦销

×6

3/4 栓

×2

十字轴带短栓

×5

十字轴带长栓

×70

摩擦销

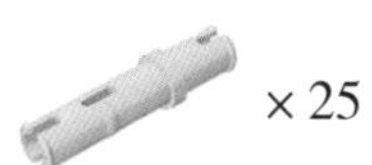
×25

光滑长两头长栓销

×4

带开口栓连接件

## 轴类

×6

11 号轴

×4

8 号带截止轴

×6

10 号轴

×6

5 号轴

×6

7 号轴

×2

2 号限位轴

×8

4 号轴

×8

3 号轴

## 轮类

×2

28 齿齿轮

×4

40 齿齿轮

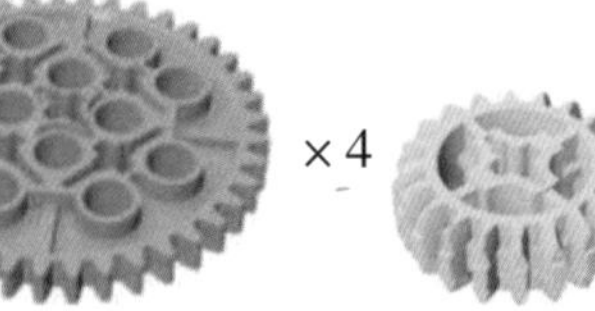
×2

黄色 20 齿齿轮

×2

24 齿齿轮

×2

黑色 20 齿齿轮

×4

24mm 滑轮

×1

螺旋齿轮

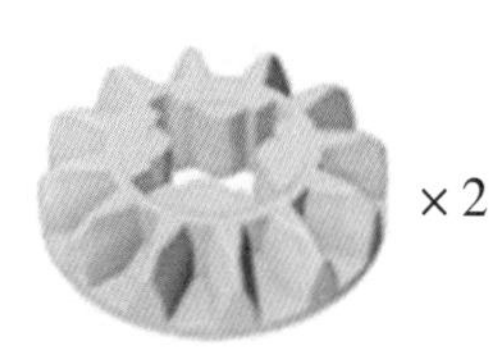
×2

12 齿齿轮

×4

8 齿齿轮

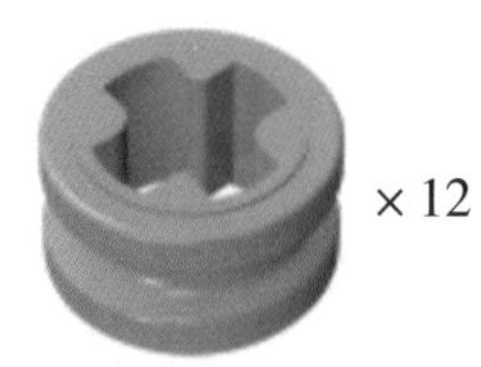
×12

半轴套

×20

轴套

## 薄臂

×2

薄连杆

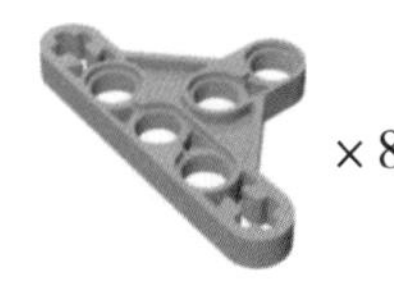
×8

薄三角臂

## 异位连接件

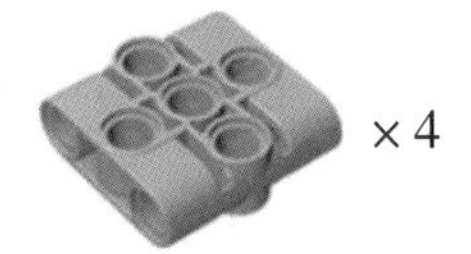
×4

3x3 孔臂栓连接件

×2

1x3 十字轴与栓连接件

×4

正交双轴孔联轴器

×6

1x2 十字轴与栓连接件

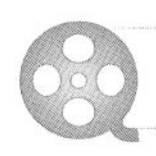

## 电子件

×1

水下魔方控制核心

×2

红外巡线传感器

×2

螺旋桨正桨

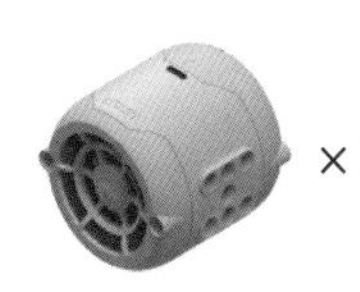
×2

螺旋桨反桨

×2

防水电机

×2

防水舵机

×1

防水点阵屏

×1

遥控手柄

×1

无线下载模块

# 附录二　编程软件使用说明

## 软件的下载与安装

首先，访问 Simba 图形化编程软件下载的官方网址：https://course.kenschool.com.cn/page/simba，下载 Simba 软件的安装包。

下载完成后，单击 Simba 软件的安装包，根据安装引导，选择安装路径安装软件。注意：在安装过程中，请完全关闭 360 管家、QQ 管家、金山杀毒等各类安全软件。若不关闭安全软件安装，会导致安装失败，或安装后无法正常使用。

## 软件界面与功能

安装成功后，计算机桌面上会出现 Simba 软件的图标。单击软件图标，进入程序的主页面，如图 1 所示。

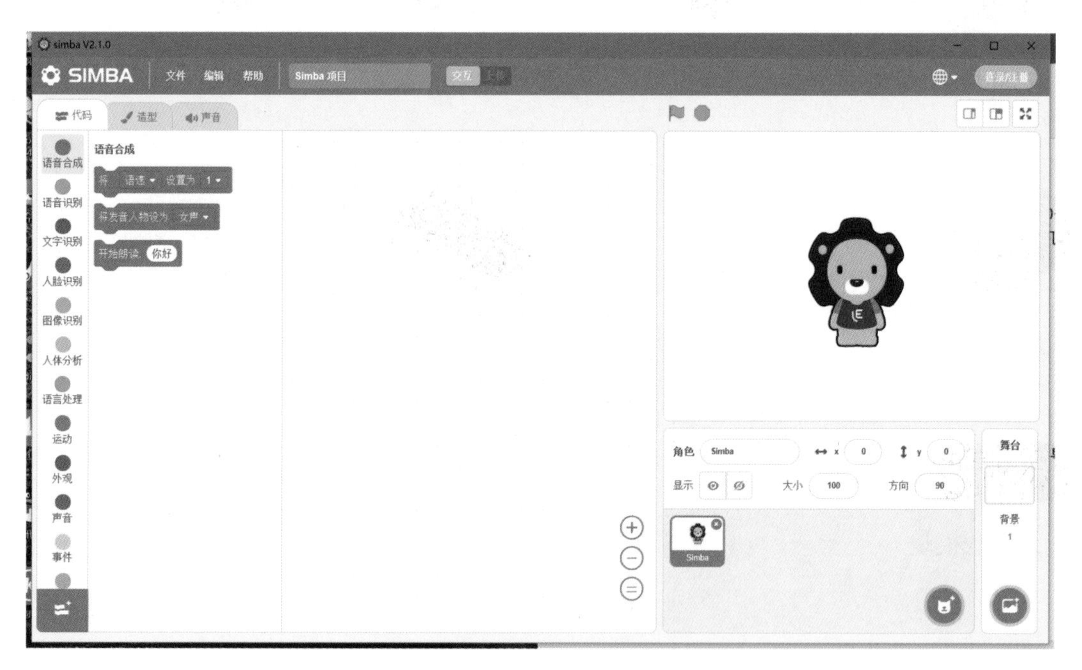


图 1

为了在使用软件时方便操作与说明，一般把软件界面分为 10 个部分，图 2 所示为各部分名称。

图 2

1. **当前版本信息**：可以显示当前软件的版本编号，如需要升级或降级使用软件，可以通过此处来查看软件的版本信息。

2. **模式切换选项**：在使用水下魔方等硬件时，需要把模式切换为上传模式，此时舞台区将会消失，被替换为代码页面。

3. **登录 / 注册**：使用人工智能工具组时，必须“登录 / 注册”后，连接网络才能使用。其他功能无需“登录 / 注册”就可以使用。

4. **标题菜单**：包括“文件”“编辑”“帮助”三个选项，对软件进行常规操作时使用，可以存储、打开程序。

5. **角色编辑选项**：包括“代码”“造型”“声音”。可以对当前选中的角色编写控制指令，修改角色的造型，编辑角色的声音。

6. **工具组**：选中角色后，可以在角色代码模式中，使用各编程工具组给角色编写程序。

7. **指令模块**：不同工具组中对应不同的指令模块，将指令模块拖拽到指令编辑区进行组合，即可对角色进行编程。

8. **添加拓展功能**：单击后，将进入拓展模块添加选择的界面，选择需要添加的拓展功能后，在代码选项中，就会多出相应的工具组，这时就可以使用相应的指令模块。

水下魔方的各类指令，必须通过添加拓展的方式添加后才能使用，如图 3 所示。

图 3

9. 指令编辑区：将工具组中的指令拖拽到指令编辑区并进行组合，即可完成程序指令的编写。

10. 舞台区：在舞台功能模式下，可以预览编程展示的环境或运行程序，观看运行效果。

水下魔方工具组介绍

水下魔方工具组包含 6 类功能指令模块，如图 4 所示，分别为：主程序、整体运动（螺旋桨推进器）、屏幕显示、环境感知、动作执行、遥控通信。

图 4

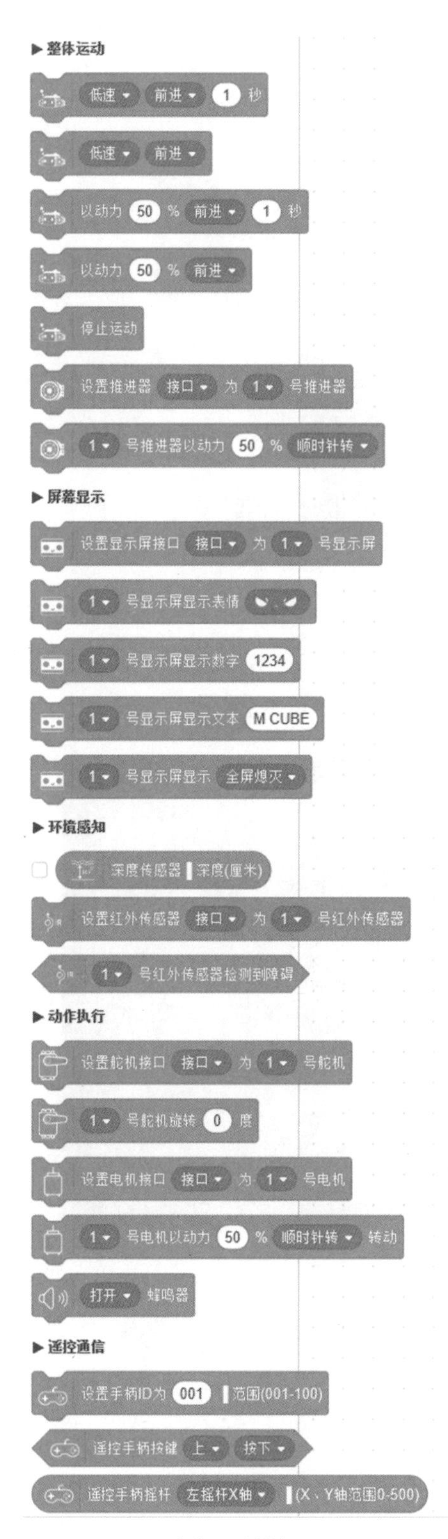
▶ 整体运动
低速 前进 1 秒
低速 前进
以动力 50 % 前进 1 秒
以动力 50 % 前进
停止运动
设置推进器 接口 为 1 号推进器
1 号推进器以动力 50 % 顺时针转
▶ 屏幕显示
设置显示屏接口 接口 为 1 号显示屏
1 号显示屏显示表情
1 号显示屏显示数字 1234
1 号显示屏显示文本 M CUBE
1 号显示屏显示 全屏熄灭
▶ 环境感知
深度传感器 深度(厘米)
设置红外传感器 接口 为 1 号红外传感器
1 号红外传感器检测到障碍
▶ 动作执行
设置舵机接口 接口 为 1 号舵机
1 号舵机旋转 0 度
设置电机接口 接口 为 1 号电机
1 号电机以动力 50 % 顺时针转 转动
打开 蜂鸣器
▶ 遥控通信
设置手柄ID为 001 范围(001-100)
遥控手柄按键 上 按下
遥控手柄摇杆 左摇杆X轴 (X、Y轴范围0-500)

图 4（续）

其中，在编写任何指令时，都必须要有主程序，否则程序不会被编译，也无法上传运行，如图 5 所示为水下魔方主程序模块。

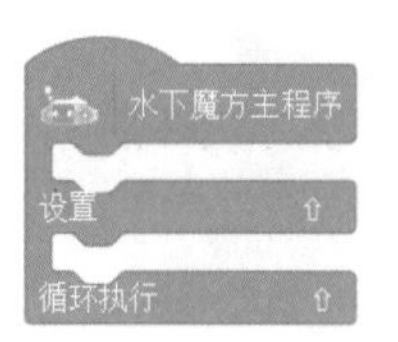


图 5

## 程序上传到主控器

例　设置 2 个螺旋桨推进器，控制设备直行。

如图 6 所示的主控器。主控器上有 3 个按钮、8 个磁吸接口与 1 个磁吸传输口。8 个磁吸接口分别为 T1、T2、T3、T4、G1、G2、K1、K2。其中，T1~T4 只能连接螺旋桨；G1、G2、K1、K2 不能连接螺旋桨，但可以连接控制电机、显示屏、舵机以及各种传感器。

图 6

主控器上有 3 个按钮，分别为“复位”按钮、“开关”按钮、“调试”按钮，它们的位置关系如图 7 所示。

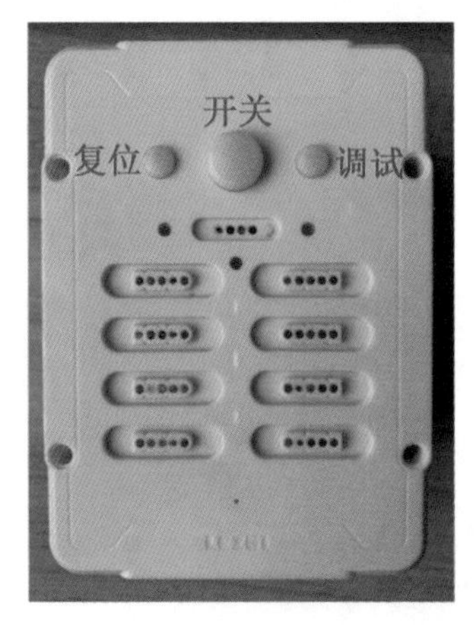


图 7

**第 1 步：安装设备。**

正确安装设备的螺旋桨推进器。左侧安装正桨并连接 T1 口，右侧安装反桨并连接 T2 口，安装结果如图 8 所示。

图 8

**第 2 步：编写两侧螺旋桨的控制指令。**

编写图 9 中的程序指令。

| 图示 | 编写步骤 |
| --- | --- |
| 水下魔方主程序<br>设置推进器 T1 为 1 号推进器<br>设置推进器 T2 为 2 号推进器<br>设置<br>1 号推进器以动力 50 % 顺时针转<br>2 号推进器以动力 50 % 逆时针转<br>循环执行<br><br>图 9 | ①分别初始设置两个推进器的接口。此指令只需运行一次，所以要拖拽到主程序的“设置”上方的空隙里。<br>②根据实际安装情况正确设置螺旋桨推进器的旋转方向、动力的参数。<br>③在主程序“设置”下方空隙中的程序将会“循环执行”。 |

第 3 步：上传控制指令。

编写完程序指令后，使用磁吸数据线，将主控器与计算机相连接，并在软件中单击舞台区上方的 ⬆ 图标，等待上传成功，如图 10 所示。

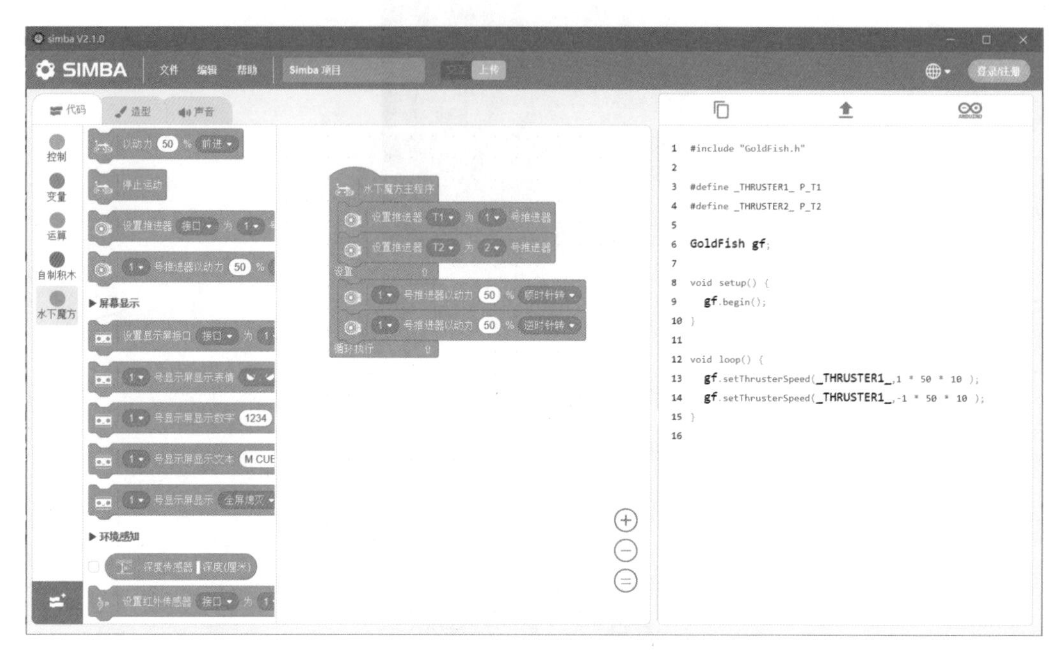


图 10

第 4 步：在设备上运行程序指令。

程序上传成功后，先按主控器上的“复位”按钮，再按主控器上的“调试”按钮，运行下载的程序，即可看到两侧螺旋桨转动。

上传失败的处理方法　　上传失败的核心原因是无线下载模块信号受到干扰，需要按照如下步骤进行检测：

将无线下载模块，如图 11 所示，从计算机 USB 口上拔下来后重新插入到 USB 口。

图 11

若工具组中，主程序指令模块上面的图标提示“设备已连接”，如图 12 所示，但是单击上传后，提示“上传失败”，单击“设备已连接”图标，出现图 13 的提示框。

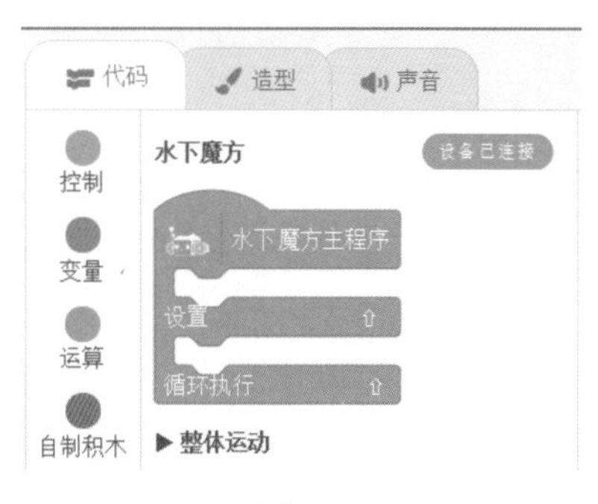


图 12

图 13

单击“断开连接”，把下载线从计算机上拔下来，然后重新插上去。

此时主程序旁边的提示图标为“设备未连接”，如图 14 所示，说明程序并没有主动识别下载线与设备的连接状态，需要手动连接。

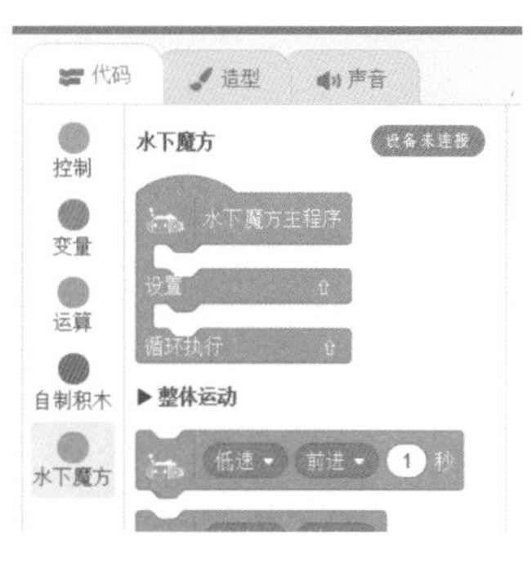


图 14

单击“设备未连接”图标，进入到设备搜索的提示框中，出现设备后，单击“连接”，如图 15 所示。

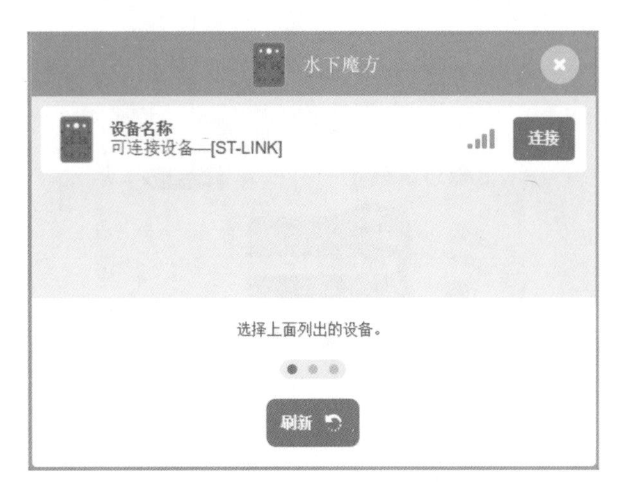


图 15

若此时未搜索出任何设备，请重复之前的操作。（注意：有时候需要把安全软件关闭。）

若重新搜索设备后，单击上传仍提示“上传失败”，请反复进行上述操作，直到上传成功为止。（注意：必要时，可以保存程序后，重启软件或重启计算机。）